U0378658

未来 终章

从人机对弈到人工智能战争

王铭琬 著

北京时代华文书局

图书在版编目（CIP）数据

未来终章：从人机对弈到人工智能战争/王铭琬著 . -- 北京：北京时代华文书局，2018.12

ISBN 978-7-5699-2738-2

Ⅰ . ①未… Ⅱ . ①王… Ⅲ . ①人工智能－研究 Ⅳ . ① TP18

中国版本图书馆 CIP 数据核字 (2018) 第 260739 号

未来终章：从人机对弈到人工智能战争

WeiLai ZhongZhang : Cong RenJi DuiYi Dao RenGong ZhiNeng ZhanZheng

著　者 | 王铭琬

出 版 人 | 王训海

责任编辑 | 周　磊

装帧设计 | 天行健设计　迟　稳

责任印制 | 刘　银

出版发行 | 北京时代华文书局 http://www.bjsdsj.com.cn

　　　　　北京市东城区安定门外大街 136 号皇城国际大厦 A 座 8 楼

　　　　　邮编：100011　电话：010 - 64267955　64267677

印　　刷 | 固安县京平诚乾印刷有限公司　0316-6170166

　　　　　（如发现印装质量问题，请与印刷厂联系调换）

开　本 | 710mm×1000mm 1/16　　　印　张 | 16　　字　数 | 262 千字

版　次 | 2019 年 6 月第 1 版　　　　印　次 | 2019 年 6 月第 1 次印刷

书　号 | ISBN 978-7-5699-2738-2

定　价 | 58.00 元

AI 影响比你想的快速，
不能不理解 AI 最前线

趋势科技董事长 张明正

AI（人工智能）的战争来了，首先要理解AI本质

AI的战争来了，这是一场炽烈的战争，全球都大举投入AI，腾讯有两千人在做AI，Google更多，许多国家和地区都在做，中国台湾更是必须抓住AI浪潮才行！因为未来十年，科技的主流平台就在AI，AI无孔不入，会渗入所有产业，任何人都会遇到AI，面对AI。

AI的影响规模大到令人难以想象，但不要只从AI会让多少人失业的揣测来思考AI，而是要先好好理解AI的本质。

AI很重要的优点，是可以让人知道许多未知的事，发现人及技术的潜力所在，借此创新。原本在知识的领域里有很多我们已知的（known）与未知的（unknown），因为有AI，我们或许可以知道下一步该怎么走，增加许多可能性。正如李世石2016年跟AlphaGo下完棋后说："AI教导我许多至今我所不知道的下法！"所有新技术都在告诉我们：整个世界还有太多可能。

AI第三波重现人的直觉，不输给人

这次的AI浪潮算是第三波，第一波是20世纪50年代，想要计算机模仿人脑的结构，虽有AI概念，但受到技术制约，因而平息下来；第二波是20世纪80年代，

基于数据取代专家做各种判断，但范围狭窄而未能普及；第三波则是现在，基于大数据，加上能寻找出特征从而进行自我学习的深层学习等技术，现在的AI不仅有计算能力，更能重现人的直觉。过去的计算机是根据人的指示来处理数据等，但现在的AI则会解释数据的意义并自行下判断，这是最大的不同。

围棋AI AlphaGo象征新时代来临

2016年3月，李世石跟AlphaGo正在下第三盘棋，我们在台北趋势科技总社举办了由旅日围棋九段棋手王铭琬解说的"人机对弈解密派对"。AlphaGo赢了，也就是在五番棋中三连胜，AI胜过人类，那是人类走入一个新时代的开端。其后第四局，李世石虽然赢了，但那或许是人类可以赢AlphaGo的最后一局了，我跟王铭琬一起在场目睹了一个新文明、新时代的开启。

因为围棋是AI的最前线，AlphaGo的胜利让人类开始认真面对AI，现在人们不再质疑"AI开车是否安全"等问题了。

围棋AI进展速度远超乎人的想象

在AlphaGo出现前，甚至不过三年前，连王铭琬也觉得围棋AI要超越一流棋手，或许要花二十年，没想到AlphaGo一步就到位了。

第三波的AI非常强，20世纪50年代的第一波，甚至20世纪80年代的第二波AI都还很笨拙，不如人的地方太多，像对字的识别率只有95％左右，人们就觉得很不错；但现在AI非常厉害，尤其通过学习技术处理，像是输入五段、六段棋力棋谱，AI自己跟自己下，就能将功力增进到七段乃至九段。AI不断超越自己，而且跟职业棋手一样有全局观，甚至更厉害；AI并不止步于做工具，经过一层层地深层学习，宛如具有思考能力，比被认为能面对最复杂局面的一流棋手还强，不免让人类感到错愕与混乱。

AI新浪潮影响远超过晶体管增长以及网络

计算机世界里曾有过几次重大变化对人类造成影响，但AI的规模与速度远超过它们。

我刚跨入计算机业时，集成电路上能容纳的晶体管数量非常有限，英特尔（Intel）创始人摩尔提出了"摩尔定律"：晶体数量约每隔两年便增加一倍。半导体业界大致依此定律发展了半个多世纪，驱动了一系列科技创新与社会改革，现在即使芯片发展的速度放慢，计算机、网络、智能手机等都依旧难摆脱摩尔定律。

其次是网络技术，当初连比尔·盖茨也不以为然，曾嗤之以鼻。但趋势（TREND）算是较早认识到了网络的影响，2002年才能顺利转型，其后成为全方位信息安全系统，正因为与掌管全世界80％网络流量的服务器公司——思科系统（Cisco）共同提供网络病毒预防服务，才能至今都在信息安全业界领先。网络的影响太大了，谁都能体会到，把一切都连在一起是人类另一次的文明革命。

从宏观的角度来看，一波又一波的科技不断影响人类，AI更是如此，而且它的影响规模及速度将比晶体管数量增长或互联网更为巨大、普遍，远超乎人的想象。

显然AI，将渗透到每个人的生活里，影响程度远超过产业革命用蒸汽取代人力的无数倍。像是火、石油、电力等能源，改变了人类生活，随着科技发展，也会造成权力、财富的移转，而AI是更甚于此的。

现今要朝哪里发展，人类都可以自己决定。但AI发展超乎想象，人类或许来不及做决定。

我与王铭琬及GoTrend——适合发展AI的台湾应该走出去

我不会下围棋，之所以会跟王铭琬一起成立团队开发围棋AI"GoTrend（趋势）"，是因为他下棋很特别，并非靠演练许多棋谱，而是以他特有的空压法，亦即以概率来建立直觉，并非靠精算，这样一路下过来，居然以此得到本因坊等头衔，非常有意思。

我因为邂逅了他与围棋，知道有可能开发出具有宛如人的直觉的围棋AI，想试着做做看。当时目标是想参加国际围棋AI比赛，如UEC这种。一方面让台湾走出去，另一方面也对台湾软件设计者有鼓舞作用。GoTrend也不负期望，成型三个月就拿到UEC第六名。

从现在来看，开发GoTrend另一项重要的意义，是与AI紧密相关。当初并未料到围棋AI的进展如此神速，但也因此彻底认识到第三波AI的厉害，理解AI最前线就在围棋AI，也很期待大家不是把AlphaGo胜过人类的事当作遥远的国际新闻来看，而是去理解究竟发生了什么事。

AI会影响每个台湾人，而台湾人是很适合发展AI的，但要多培养人才，并创造能让人才续留台湾的环境。AI属于软件产业，因此不会出现像互联网时代垄断的局面，会不断有大大小小的竞争者出现，当然如果既有的强大企业利用AI，也可以提高效率，让强者更强。

对AI未来的预测

围棋AI发展程度惊人，不仅围棋，也运用到无人车、医疗诊断等领域，这是未来各界的必争之地，隐藏无限商机。

因为AI会用数据来帮人类做判断，人类或许真的会变成影片里的仙女，随便动个嘴，许多事就自动完成。

像我们至今用语言来辨识，用手指按键来控制，但也逐渐用声音，未来视觉部分也会越来越精准，如智能手机现在是双摄像头，将来还会引进认证，更是错不了，就更接近人眼。智能手机登场才十年，就有如此神奇的进步，但有了AI会更快速，像智能手机加上AI，就会真的成为秘书，或是加在随身生理信号测量分析上，成为贴身护士。

AI掀起不同类型的人类战争

AI的运用不仅是能取代数百人、数万人，或数千万人等，亦即不仅是剥夺工作机会问题而已。

AI也有其他令人不得不戒惧的方面。除了运用于商业竞争，AI将掀起一场不同于往常的人类战争；未来的战争最震撼的或许不是核战，很可能是AI的网络（cyber）战争，形态超乎人类想象，谁都想拥有AI网络武器，非常恐怖。

抑或把AI跟复制人（克隆人，human cloning）结合，而生产大量的超人；也可能会出现超乎人能控制的局面。AI超乎想象，但也有无法预料的一面。

人类创造出比自己强又很难超越的AI，人类还能做什么？

AI如此神通广大，人类要怎么办？AI的进步超过人类，是否会带来新的风险？人类是否能驾驭AI？还是AI会超出人类的控制呢？

AI的影响实在太大了，渗透到每一个角落，还有许多人类无法预知的衍生能力，那人要如何找到自己安身立命之处？

人生宛如下围棋，每一步都是一个决定，我们人生中也是充满了决定，除了结婚、就业等，日常里每件事都在做决定。围棋是靠客观的精算技术及过去的经验，让下棋者觉得这步比那步好，其中也有直觉；像是人生或日常的决定，其中则还包括情绪。

难道只剩下情绪？抑或人有意识，或是灵魂？或是非理性的信仰？虽然抽象，但人或许是为了追求意义而活。人类只好反思，除了理性外，人还剩下什么？

过去人类或许会寻找自己跟一般动物的差异处，如自我觉醒能力等，今后则会去寻找跟AI的不同之处，也或许通过AI而理解人的潜力，知道原来人还能做许多事，人还有许多不自知的潜力，未知的世界太多，人不必太沮丧的。

我们面对的是一个新文明的发展，AI智能、体能都超越我们。我想用孔子的忠恕来思考，两者都有"心"，毕竟AI是不谈人心的。"忠"是尽己，"恕"是有同理心，理解别人的想法，是感性，而非理性，AI新时代人类的安身立命之道，或许就是尽一己之力寻找意义，并理解他人，这是人的幸福所在。

让台湾成为幸福岛

从王铭琬的这本书可以理解AI，理解未来，去寻找AI新时代人类的幸福；让我觉得作为企业经营者必须读，科技界人士或许会有更大的启发。因为每个人都必须迎接、面对AI新文明，而或许从王铭琬所体悟的AI哲学开始，能纾解许多问题，让台湾成为幸福岛。

奇才本因坊
纵横剖析围棋 AI

台湾棋院董事长 翁明显

我可以说是看着铭琬从小长大的，他在五岁的时候就展露了围棋方面的天分与才华，得到"围棋神童"的称号；十三岁到日本棋院发展，以最快的速度升至九段段位。

身为台湾棋院董事长，因缘际会认识很多职业棋手，王铭琬是我眼中最不拘一格的棋手，其才气之横溢，举世少见。

四十多年前，十三岁的王铭琬以业余初段棋力接受清大教授沈君山的考试，七局中最后四胜三负通过考关，获得赴日深造的机会，这七局棋给沈君山留下深刻印象，他认为王铭琬的棋宛若游龙，见首不见尾，只可惜这样的才情专一于围棋上，未免浪费，可谓大材小用。

果如沈校长所预言，旅日棋手中王铭琬独独树一帜，所有棋手都有师承，唯独他没有，遂得以驰骋于棋海中，悠游自在。别的棋手孜孜矻矻，唯一目标是早日登顶，以求光宗耀祖，衣锦还乡。但王铭琬却不急，直到三十九岁才登上日本三大赛之一的本因坊宝座，其后再卫冕一届而已，他也不以为意。记者问他感想，他说好似烟花绽放，人生有一两次即足矣。

王铭琬不只是人生价值观与众不同。他博览群书，尤其是科普类的，虽似对棋艺精进无益，却使他在评棋上受到推崇，因为其他棋手都只能就棋论棋，枯燥无趣，但王铭琬口若悬河，旁征博引，信手拈来，逸趣横飞，成为日本棋坛上人气最高、最受欢迎的棋评者。

但论王铭琬之才情，连写书亦是异类，一般棋手出书不是自传，就是围棋的各种相关书籍，他十年前的著作《新棋纪乐园》，是别开生面、精彩绝伦的棋书，也是奇书。对懂棋的人而言，它可以开启新观念、让棋艺更精进；对不懂棋的人，它是很好看的小说，更是一本层次有致、进退有序的推理武侠小说。

全书铺陈的手法好像一局棋，布局、中盘至官子，环环相扣，看了令人拍案叫绝。王铭琬说，他想这样的书名，有点似《出埃及记》，希望能为下棋的人，寻找一个新的乐园，那就是能快乐地下棋。至于胜负呢？已无关紧要了。

AI时代来临时，他是职棋高手中最早钻研且最深得其中三昧的棋手。去年的世纪人机大战轰动全世界，王铭琬早在两年前即是台湾趋势科技公司研究团队的一员，棋与人工智能的知识融于一身，回台讲解，最受欢迎。

这本书的面世及精彩如所预期。如此清楚描绘AI最前端的围棋AI的创世巨作，也只有王铭琬这种涉猎古今，独具一格，计算机及围棋皆专精的旷世奇才，才可以完成的，围棋界对其充满了期待。本人在此特别推荐。

前　言

　　我十四岁为了学棋，来到日本生活，一转眼就已经四十年了。围棋在日本属于艺术文化，围棋术语也深入日本生活，像最基本用语，表示不好、不行的"ダメ（dame，汉字'駄目'）"，就是从围棋没有意义的着手"单官"引用过来的，其他如"素人""先手""舍石（弃子）"，在日常用语里都很普遍，真是说都说不完。

　　即便是中文世界，从最近大家讨论政治时所爱用的"下指导棋"开始，到"布局""大局观"等，比比皆是，不胜枚举。围棋可以比喻现实世界，也可说是人类共同的感受。

　　四岁学棋至今半世纪了，我当了一辈子的职业棋手，对现实的看法，自然也会借用自己对围棋的认识。然而我常常提醒自己，尽量不要把围棋的想法套用到别的事情上去，比起小小棋盘，世界实在太大、太复杂，用围棋来模拟，不仅傲慢，还可能误导真相。

　　围棋AI AlphaGo的出现，其重要性不仅是击败了人类，也使Google认定围棋与现实世界其他领域有共通的意义，才会投下巨资发展围棋AI，而世界市场与舆论也认可了这个看法。开发AlphaGo的公司DeepMind后来公开宣布，用AlphaGo的程序去管理他们信息中心的冷却装置，马上节省了40％的电力。而最新版的Google 翻译，也搭载了有关的神经网络学习机制，在准确率上获得很大的进展。这样看来，把围棋的观点稍微扩大到现实世界，说不定也不是那么荒唐。

我现在还是计算机新手，也不懂程序语言，但非常幸运的是，因长期关注围棋AI，正好在与DeepMind开发AlphaGo的同一时期，我也参加了围棋AI的GoTrend开发团队，就借此书与大家分享这份经验。

现在AI让人头痛的是，它进化的速度很快，今天觉得它有这个缺点，明天可能已经修改，或用新的技术覆盖掉，而新旧技术的组合也随时会带来惊人的效果。

人脑只能用自己的经验判断事物，但AI的进化速度可能超出人类想象，因为人的推测是用累积性的线性模式，而AI的进化是几何级数的发展，现在要预见AI的未来，是很困难的。

但人类本身是不会改变的，从以人为本的观点去理解AI的话，不管AI进化到什么程度，应该都不会失去意义。

2000年我获得本因坊头衔以后，签名题字时多用"童心"这两字，其实是在提醒自己，不管多重要的比赛，都该以童心去享受围棋的乐趣。有意思的是，在AlphaGo之前的AI，较擅长信息的分析与处理，可以说是"大人的AI"，但在处理围棋时，并不那么灵光，因此未能达到击败人类的技术。让AlphaGo能飞跃性超越的深层学习（deep learning），原本只是让计算机学会认识脸部或堆积木等，看似很简单的能力，被称为"小孩的AI"，反而成为击败人类的动力，原来"童心"还具有技术性的意义。

下棋，是大人重返孩童的时刻。我一直是以这样的想法面对棋盘的。当读者想重拾童心时，这本书能尽点微薄之力，就是我最大的心愿。

目　录

第六章 人类的未来
——从围棋理解 AI，迎接新时代

序　章
Google 为何选择围棋？

一、为什么是围棋？

由Google（谷歌）旗下的DeepMind开发的围棋软件AlphaGo，在2016年3月打败世界一流棋手李世石，为世界带来冲击与惊叹，其后AlphaGo的升级版Master，则于2016年年底跨年与世界高手们在网络展开快棋测试车轮战，取得六十连胜的压倒性胜利，可说是已经对"计算机与人脑谁强"的问题下了一个论断。

然而，围棋AI并未因打败人类而中止自身的发展，不只AlphaGo在继续尝试其他版本，2017年5月继续举行与世界排名第一的棋手柯洁的顶尖大赛，其他围棋软件也急追猛赶，现在已经达到AlphaGo打败李世石时的水平。为什么AI锁定围棋为征服的目标，在胜利之后还恋眷这个战场呢？

计算机下棋，一直被当成AI的能力的指标。1997年IBM计算机程序"深蓝（Deep Blue）"击败国际象棋冠军卡斯帕罗夫，给世界带来很大的震撼。直到2015年，计算机在围棋这方面还一直无法与人较量。这次Google以深层学习技术为主题，大力进军围棋，达成打败人类的目标，显示围棋具有象征性的意义。

围棋的变化数是十的三百六十次方，是国际象棋十的一百二十次方无法与之相比的；围棋艰难之处在于不仅变化多，它的形式也不同于其他以擒王为目的的棋类，如象棋、国际象棋等。而围棋的目的是在棋盘中占据大于对方的地盘，是比较特别的。

擒王形式的游戏因为目标明确，一直是计算机比较擅长的，而围棋这种全局统计性的目标，反而是人类的直觉比较管用，因此围棋软件的开发被认为有助于分析人类的直觉。

这次打败人类的主要技术——深层学习，正是让计算机获得直觉能力的方法，也证明了由深层学习所获得的能力能有高于人类的表现。

二、围棋最像现实社会

对人而言，棋类一直具有模拟的意义，象棋可以说是传统战场的模拟，但是现代社会分散化，特定人物的重要性相对降低，没有谁是那么重要的，"擒王就死"的假定，逐渐不符合现实，反观围棋"占据地盘胜过对方"这样的目标设定就很普遍，像抢夺市场占有率等在现实社会比比皆是。

尤其围棋是比黑白棋子最后哪一边多，正如两大阵营选一人的选举模拟，曾有国内政界大佬再三要我教他政治战略，认为这跟围棋战术非常类似。选举策略的"接地气""空中战"与围棋的战略术语不谋而合，"活棋""死棋""弃子""下指导棋"等围棋术语也不时被拿来做政治评论。

过去有人对AI的应用范围抱着质疑的态度，因为围棋被归类于"完美信息游戏"，即所有的信息完完全全地摊开在游戏人的前面，都在棋盘上看得见，没有任何黑箱，这种情况在现实世界里并不多见，一般状况下，人们都是藏着各自的王牌在喊价，像"不完美信息博弈"的扑克（梭哈）游戏，需要观察别人的反应来调整自己的战术，所以有人怀疑这类模式AI无法适应。

但2017年的费城德州扑克赛回答了这个疑问，卡内基梅隆大学开发的扑克AI Libratus彻底打败了世界四名顶尖职业高手。Libratus是大学的研究成果，动用的所有资源远远不如AlphaGo，更令人吃惊的是，Libratus甚至不用深层学习，而是用AI内部的自我对战学习打造的技术。

围棋看起来是单纯的"完美信息游戏"，可是因为它的变化数对当今的AI来说，还是多到无法掌握，因此对游戏人来说，围棋还有"不完美信息博弈"的一面。

因此我不认为围棋AI的技术与机制和不完美信息博弈无关，德州扑克AI的开发者表示：德州扑克AI能做到"不管对手如何行动，自己都不会吃亏"。这句话一字不改，也是围棋的基本目标，围棋一流棋手真正厉害的地方，并非一般想象的"对特定的着数有精准的对策"，而是"把局面控制成不怕对手的任何手段"。

围棋可谓是已知与未知之间的朦胧区（Twilight Zone），一方面有客观棋力标准，让AI在击败人类之后还有提升技术的空间；另一方面有随机性，具有对各类AI技术进行仿真测试的功能。

三、围棋是沟通人类与 AI 的最佳语言

围棋自古别名为"手谈"，对局者可以借着下一局棋得到深入的交流，胜于一般会话。和语言不通的外国人来往，只要对方会下围棋，一局下来保证一见如故。围棋也可以看成一套另类的语言，沟通对局者乃至观棋人。

AlphaGo与李世石之战，有人说AlphaGo下的棋看不懂，所以需要懂AI的人来翻译AlphaGo下的棋，比赛那几天的情形确实如此，此后情形可能会不一样。人类与AI在棋盘上追求的东西是一致的，也就是说，是共有同样的围棋语言，围棋其实是一个翻译者，可以用它的语言沟通人类与AI，成为两者相互理解的桥梁。

围棋不仅是人工智能的第一个实验平台，也提供新技术的方向，Google不断强调AlphaGo的架构并非特别为围棋打造，职业围棋因为有足够的市场规模与长远的历史，应该不会比其他领域逊色。

AI在围棋领域做得到的，在其他领域应该也做得到。除了前言介绍的节能省电、自动翻译、自动驾驶、医疗诊断乃至投资咨询、设计创作等，几乎所有领域都可能成为技术转换的对象。届时，现在在围棋领域发生的事情与其呈现的意义，将遍及人类社会。

何况深层学习的历史是现在才要开始，2017年3月的围棋AI间的国际比赛显示：只要改善深层学习过程的一部分，其学习速度就能加快很多；不仅深层学习的技术会不断升级，配合其他技术后可能有意外的效果，而另类的新技术也随时会出现。

AlphaGo在一年内达成了被认为是最少需要十年才能达到的目标，此后产业升级的速度与程度，不能用至今的感觉去衡量，任何产业甚至文化，都必须加紧研究AI。

四、不懂围棋也能共享

有人认为围棋是小众的游戏，这跟围棋"不容易忘记"的特点有很大的关系。围棋的一个规律是只要你达到一个水平，就能一直保持同样的棋力。

初段的棋友十年不碰围棋，复出的时候还是初段，这可能跟前述围棋最需要动用"直觉"很有关系。这可说是围棋的一个优点。

围棋棋友的棋力只进不退，本来是件好事，不过也有副作用，就是让棋友"很容易忘记"自己不会下棋的时代，导致对比自己弱的棋友失去同理心。在日本，比起其他休闲活动，围棋是对初学、初级者最不客气的。

围棋技术不容易忘记的"优点"有时反而成为推广的障碍。很多围棋活动，偏向以高水平棋友为主要对象，对不会下棋或是初学的棋友来说，围棋讲解像是术语满天飞的外语演讲，听半天不知所谓。然而围棋若是与其他领域有所关联，围棋讲解对不会下棋的朋友原本应是有意思的。

我下了一辈子棋，对不熟悉围棋的人欠缺同理心的程度，不落任何人之后，但我一向提高警惕性，提醒自己：在讲解围棋的时候，不管棋力高低，尽量让所有人能理解它的内容。

日本著名棋手藤泽秀行说"围棋的内容若以一百计，我只懂其中之六而已"，这句话超越围棋界，深获日本各界赞同。

我的期待是就算不会下棋，也不妨碍读这本书，因为围棋的绝大部分是与不会下棋的人所共有的，最怕的是误以为自己什么都懂，这样就看不见大部分的东西了。

让我们借着围棋AI，一起来探讨人类什么地方懂，什么地方不懂吧！

第一章
AlphaGo 的登场与激战

一、AlphaGo 象征 AI 可能超越人类

2016年3月，围棋AIAlphaGo击败围棋名手李世石，为世界带来冲击与惊叹，AlphaGo不仅显示其能力过人，也打破了至今计算机只会模仿的概念，展现了值得人类参考的新手法。

AlphaGo的出现，让世界对AI的能力胜过人类之后的社会，开始了现实的讨论与面对的准备；2017年5月AlphaGo与柯洁的对战，也带来新的启示。

一年的以深层学习为主的技术为AI带来什么样的突破？我们还是先从围棋AI实际的对局开始观察，AlphaGo对李世石之役一年后，出现了AlphaGo的升级版Master，在网上对人快棋60连胜；其他追赶软件有日本DeepZenGo，它先在2016年11月对名誉名人赵治勋进行三番棋，之后在2017年3月大阪的世界围棋锦标赛WGC，又与日中韩代表进行四者循环赛，DeepZenGo现在和世界一流棋手相较，并不逊色；而中国"绝艺（Fine Art）"2017年3月正式在日本亮相后，击败DeepZenGo与一流职业棋手，更继AlphaGo之后，赢得"超过人类"的评价。

这些对局，即使单纯从围棋的角度欣赏，本身也很有意思，加上推敲AI的思路、和人脑的比较等角度，更容易理解今后AI可能拥有的能力。

2016年1月27日，Google宣布了惊动世人的消息：他们旗下DeepMind所

开发的程序AlphaGo，挑战欧洲冠军职业棋手樊麾二段，结果五战五胜，这是计算机第一次胜过职业棋手。Google同时宣布第二战将与世界顶尖棋手李世石在3月举行五局比赛，胜者奖金一百万美元，全球媒体争相报道这项消息，Google股票速涨4.4％，表明世界对此项成果给予很大的肯定与期待，此项程序主要内容刊载在1月28日的《自然（Nature）》杂志，该期封面就是围棋棋盘！

我对AlphaGo打败樊麾的消息半信半疑，火速研究了公开的五局棋谱，结果只好承认AlphaGo的实力。樊麾二段不是弱者，有足够的职业水平；AlphaGo下法坚实平稳，很少犯错，使棋局大部分在己方优势下进行，而且能逐渐扩大领先优势，发挥的棋力明显高过对手。

图1-1中，AlphaGo白棋，黑1压时，白2占据全局攻防要点，展现了非凡的力量，必须对围棋的本质有正确的认识，才能下出这手棋。看了这五盘棋，

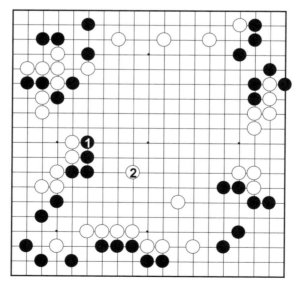

图1-1

我的感觉是：自己要赢它并不容易。

如此高水平的表现让我相当震撼，七年前我对围棋对弈软件产生兴趣，两年前自己参加软件开发团队GoTrend，期待自己的围棋经验对提升软件棋力有所贡献，但当时AlphaGo的棋力，已经远超过我为软件准备的提升目标。我重新认识到：以围棋作为研究对象的AI已经进入新的阶段。

二、AlphaGo 对众望所归的李世石

首先介绍一下率先代表人类对抗AI的李世石，他是现今第一线棋手中获得世界冠军次数最多的棋手，一直以来也是下法最精彩的棋手。

我第一次看到李世石是他十七岁时创下三十二连胜的纪录，以"不败少年"称号代表韩国到日本参赛，他那与众不同的犀利气质，给我留下深刻的印象。职业棋手间有输有赢，一般不会觉得对方有什么特别，我很不喜欢用"天才"形容别人，可是对于李世石，实在想不到其他字眼。

听到李世石与AlphaGo比赛的消息，中国一流棋手都羡慕地表示："这简直是从天上掉下一百万美金！"但当时，包括中国在内的世界棋迷，大多数棋迷还是想看到李世石出阵，可谓众望所归的适当人选。

李世石是在他之前称霸世界棋坛的韩国棋手李昌镐的接班人，有点像足球的大罗、小罗（罗纳尔多、罗纳尔迪尼奥），在接班过程中，大李面对挑战自己的小李，不是打压，而是倾囊相授。李世石的棋路和李昌镐完全不同，相对于李昌镐扎实的功夫棋，李世石的棋路变幻莫测，很难捉摸。

李世石的下法让人感觉是随兴所至，有时会随便舍弃一般认为是很重要的

2016年3月,在趋势科技举行的"人机对弈解密派对"中负责讲解AlphaGo对李世石的第三局

棋子,让观棋者大吃一惊。可是往往在之后的战局中,他不只让先前舍弃的棋子参加战斗,最后还让它们顺势被救出。

李世石的强劲敌手——中国棋手古力则具有强悍的攻击力,从棋谱很容易能理解古力着手的用意,也马上能感受到他手法的效果。但李世石的棋有时让人看不懂,虽然结果美妙,但一时无法判断过程的逻辑。对年轻棋手而言,他是值得尊敬的对象,是超越的目标,却很不容易成为学习的典范。

中国棋坛称李世石的棋为"僵尸流",虽然不雅,但可说适得其妙,他擅长让假死的棋子还魂,还会让人感到对围棋混沌模糊部分的不可思议。然而李世石给人的印象不是阴暗,而是明朗活泼,是一个永远的顽童。除了精湛的棋力,他还有独特的魅力,让人想起当年力战"深蓝"的卡斯帕罗夫。李世石表示五局里面输一盘的话自己还能接受,看起来他也不敢低估AlphaGo的力量,但显然对自己的脑力充满信心。

李世石虽然厉害,但和AlphaGo较量是在2016年3月,离AlphaGo与樊麾的对局,有五个月的时间差距,根据《自然(Nature)》刊载的论文,这段时间AlphaGo还会有很大的进步,从围棋等级来看,李世石并没有优势。

但我在赛前还是看好李世石,我虽理解AlphaGo有惊人的能力,不过根据我的认识,AlphaGo隐藏着致命的弱点,不管多厉害,只要有这个弱点,就应该是无法胜过李世石的。李世石的着手具有"不可预测性",他是最能临场应变的棋手，万一开赛后暂时失利，也必能找到AlphaGo的弱点扳回战局。

三、五番棋第一局——比想象还厉害

精彩片段一：人脑与计算机首次接触

在全球瞩目下开始的人脑对计算机大赛，李世石猜到黑子，一如他平时的作风，开头就使出了试探性的动作。

如图1-2所示，黑7这手棋，恐怕是职业棋手的棋谱不曾有的，手法本身虽不奇特，可是全局的组合却是非常少见。我想当时对于计算机的概念是"擅长处理信息"，所以李世石准备了棋谱所没有的布局，先考AlphaGo一题。

对于白8，黑9夹击是既定的战略，这时AlphaGo下出白10碰。"碰"是围

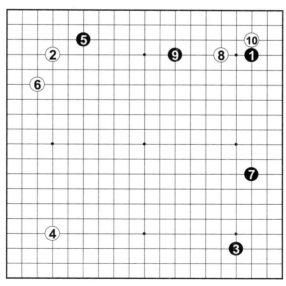

图1-2

棋术语，是单独贴紧对方棋子的手段，双方棋子首次接触，也成为人类对AI能力的首次接触。

对于白10，不仅职业棋手，连有点棋力的业余棋友都必然大出意料，我想甚至有人会不忍失笑，因为：

图1-3中，白1至5是围棋的"基本定式"，"定式"在字典的解释为"自古被研究，双方最善的攻守变化"。到白5为止的定式没有国界，世界共通，是学棋的必修课。

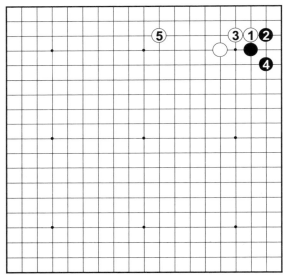

图1-3

实战的情形，如图1-4所示，黑4之后，白棋要下A位才能达到"双方最善的攻守"，可是黑棋先有黑B位夹这一手，让白棋无法下到A位，这也是黑B的主要目的。被黑B夹后，白1碰是坏棋，可谓基本常识。赛前大部分评论看好李世石，看了白1，让大部分人更觉得"原来计算机还差很远"。

没想到此后进行到如图1-5所示的白9为止，忽然发现不太对劲，因为这个局面，我宁愿自己是拿白棋。此后将发生战斗的棋盘上边，白棋"人多势众"，黑棋一点都无法感觉到应有的优势。环顾全局，可以感觉到黑A一子偏于右边，导致黑棋战力薄弱。黑A正是一开始李世石试探AlphaGo的一着棋，结果AlphaGo不但没有被李世石出的题目考倒，还反将了李世石一军。

我现在还对图1-5白1以下的下法印象深刻，最让我有感的是，这个途径非常简明。围棋的每一着棋都是很复杂的，一个变化要取得满意的结果，棋手不但要绞尽脑汁，同时

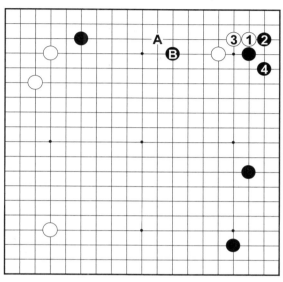

图1-4

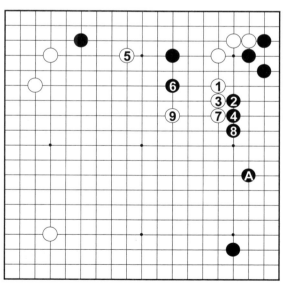

图1-5

要冒很多风险，能让别人同意自己的看法又没有话说，必须和对方在功力上有明显的差距。AlphaGo见招拆招，令人又敬又畏，不过布局本是围棋AI强项，我当时还是认为软件的弱点终会暴露。

精彩片段二：AI与人 不同逻辑

这盘棋让我印象深刻的另一个场面，是黑1挂角时白2回补一手，如图1-6所示，我想职业棋手里应该没有人会这样下。

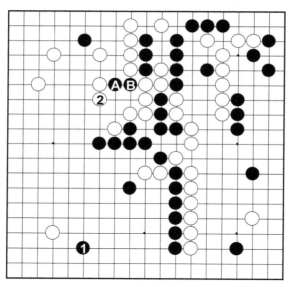

图1-6

白2确实是必须注意的地方，不过围棋是对局者的互动，看到黑1挂角，人会推想"对方没有要把黑A、B两子马上拉出来"。

图1-7中，白1在左下角应一手，是非常大的一着，黑2以下引出虽然可怕，白5为止暂时撑得住。这个变化是黑A挂角前已经算好的，要是黑2以下发生战

斗，黑A与白1的交换让白往战斗区域多加一子，对黑棋不利，所以黑棋下A就是表示不想拉出黑2，白棋也不用如图1-6所示现在还补一刀，这是人类对弈时共有的逻辑。

图1-8中，白1花一手后，左上角还有A位轻松活棋的手段，观战棋手无不以为是大缓着，黑2后，得双挂角，让人觉得李世石形势终于转优了。

不过AlphaGo的深层学习不只学习局面，连到该局面为止约十手的下法，也纳入了学习范围，所以对上述"黑棋并不准备马上拉出"的道理并非无感，日后才知道，AlphaGo有其他更想做的事。

此后白棋在右边施出

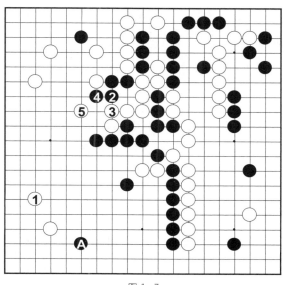

图 1-7

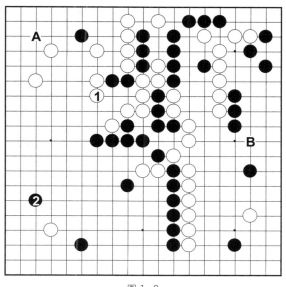

图 1-8

B位打入的鬼手，奠定胜基。从后来DeepMind公开的Log（计算机下棋日志文件）来看，原来白1的时候就已经锁定这个攻击了，看来当时AlphaGo的计算能力在我的估计之上。

结果白棋在右边得利后，保持领先至终，计算机旗开得胜的消息瞬间奔驰全球。当时我对计算机围棋软件的认识是棋局后盘与攻杀的局面容易出错，但这一盘没露出任何迹象。当天赛后，虽有评论认为李世石过度轻敌，或因紧张无法发挥实力等，但我看不出李世石有什么明显的失误。

四、第二局——AI提示新价值观

精彩片段一：反考一题

第二局是AlphaGo持黑，让我不胜期待，因黑棋先下，握有主导权，容易自由发挥，AlphaGo会下出什么样的布局，实在令人好奇。结果AlphaGo不负期待，展现一连串的独创手法，也改变了此后职业赛的一些下法。

如图1-9所示，如同第一局李世石在第7手使用不常见手法一样，AlphaGo的黑13让世界棋迷眼前一

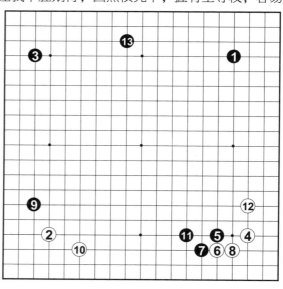

图1-9

亮，黑13限于上边的话，是所谓"中国流"的布阵，可说是最有人气的手法，只是时机不是此刻。

如图1-10所示，黑1拆是至今的定式，这一手兼有安定右下黑棋与夹击左下白棋的功能，至今甚至可以说因为这一手恰到好处，所以选择这个布局。

如图1-11所示，要是那么喜欢下"中国流"，也没有问题，图1-9中的黑11不要下就好，被白2断可以置之不理，继续扩大黑3势力，因为右下角到此为止的话，黑A、B两子弃不足惜。

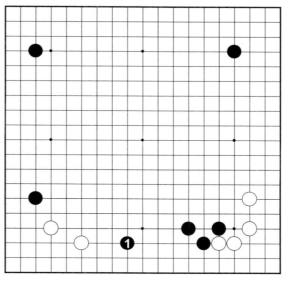

图1-10

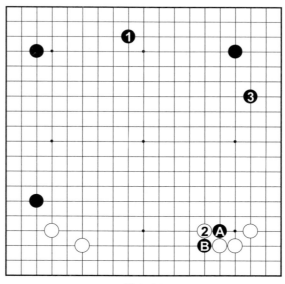

图1-11

如图1-12所示，黑1
再下一手之后才"手拔"
（改下棋盘别处），这样
就会被白4夹击了，因为
黑棋大得无法舍弃，眼看
就会遭受攻击。要么就不
下，下了黑1的话，在下边
拆一手是不可或缺的"套
餐"，这在围棋界可谓"公
理"，可是AlphaGo挑战这
个公理，主张"右下角黑
棋富有弹性，白棋的攻击
要获利并不简单，你就攻一个看看吧！"。

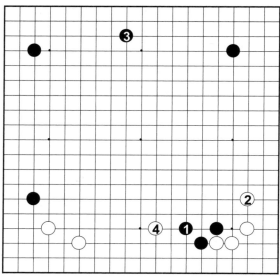

图1-12

宛如AlphaGo在为第一局还以颜色，反出一题给李世石，当然，AI要是这
么幽默，人类才真的头痛。

精彩片段二：简明"阿尔法觑"

如图1-13所示，李世石面对黑棋挑衅，决定白1先攻击左下黑棋，也等于
同意了AlphaGo"右下黑棋不容易攻击"的看法，这个看法后来被其他棋手接
受，也为此后职业棋手的布局带来变化。

但这只是AlphaGo秀的开头，接着黑2觑又带来新的惊奇。"觑"也是围棋
的基本手法，下在次一手可以切断对方的位置，逼对方"粘"起来的手段。如

实战白3粘，避免被黑棋切断。黑2逼白棋在3位应，至今被认为是黑棋的"权利"，权利是在需要的时候行使的，这个局面因为还看不出"需要"，所以现在下黑2觑还早，也是至今的"公理"。

如果这是第一局，看到黑2大概又有很多人会捧腹大笑，可是经过第一局后，已经没人笑得出来

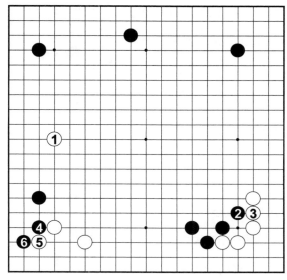

图1-13

了。之后黑棋马上下黑4、6在左下求根，黑2更加降低将来右下黑棋被攻击的风险，在这个局面是合理的下法。黑2觑在第五局也有出现，这在日本被称为"阿尔法觑"，在之后的职业棋赛风行一时，不过最近又变少了，围棋的好坏评估实在难以论定。

精彩片段三：震撼"阿尔法肩"

AlphaGo五番赛里最脍炙人口的一着棋，恐怕就是黑2"肩"了，如图1-14所示。这手棋震撼了全球棋界，如图，"肩"是从横上方逼近对方的手段，也是围棋的最基本手法。这一着棋有那么可怕吗？其实这手棋并没有破坏力，只是没有人料想到这一着。"阿尔法觑"逼对方应一手，对棋局的影响不大，而这一手"阿尔法肩"则左右了此后棋局的进行，也因此引发热烈讨论。

"肩"的手法在棋盘边被使用的情形，绝大多数是对于对方"几线"的棋子。

"几线"也是围棋术语，是指从棋盘最边数起来第几线的意思。实战白1位于四线，就光是这个理由，到这一天为止，黑2从来没有被列入人类"高棋"的考虑之中。

如图1-15所示，对于黑1对四线白A"肩"，白2是最平常的应法，围棋是比空间控制权——"地"哪一边多的游戏，黑1与白2的交换，徒让白棋增加B、C、D的地，而没有任何收获。四线肩是在例如厮杀、围大空等有明显利益时的手段，现在局面非常平稳，不适合"投资"，所以黑1不会被列入选项。"阿尔法肩"的震撼就是AlphaGo认为这个局

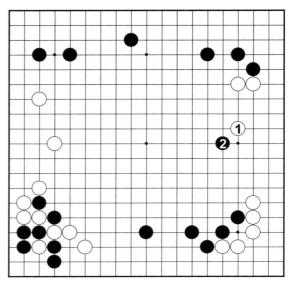

图 1-14

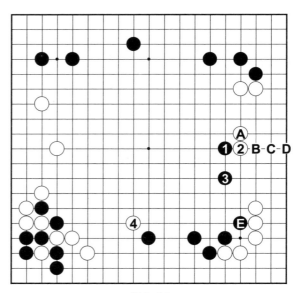

图 1-15

面也值得"投资"，而这个判断是经过最新的深层学习与上亿次的模拟所得出来的。

要不是对手是AlphaGo，谁都必定马上下白2，没想到李世石反而陷入长考，看来是感觉对白2，黑3跳后中央厚实，会进入AlphaGo的构思。这个局面至今还众说纷纭，但我还是推荐白2，对于黑3，白4在下边"四线肩"是全局焦点，以AI之道还制AI，不知读者意见如何？

如图1-16所示，不过白1时，AlphaGo为了避免被A位肩，可能先下黑2，白棋还是只好白3爬，黑棋再黑4跳，这样对于白棋A位肩，黑棋可以B位冲，白棋无法伸展到A位线上。

李世石在长考后，下的是白1压，如图1-17所示。

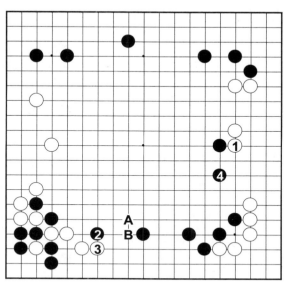

图 1-16

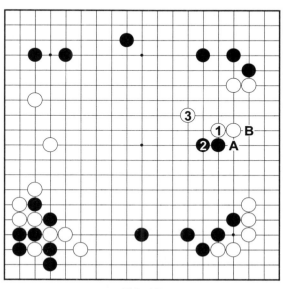

图 1-17

这着棋表示，李世石全面承认"阿尔法肩"是好棋，这有点不像他的风格。为什么呢？因为将来对于黑A，白棋只好以B应，白棋非常难过。

图1-18是日本古来的手法"手割"将实战的手顺更改、分析，以助局面的判断，图1-16黑A白B后，等于此图一开始就白1拆2，这着本身就嫌太窄，之后白3、5、7的压又与白棋A、B二子重复，这时白棋不能满意。

李世石何许人也！他是进入二十一世纪后横扫世界棋坛十年的棋王，好长一段时间，他让中国选手最后硬是无法过他这一关而陷入"恐李症"，我猜他在对局中顿悟"阿尔法肩"原来是好棋，所以稍微不满意也没办法，只好先忍耐一下，等待从C处反击的机会。

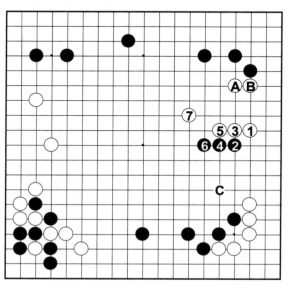

图1-18

实战中，黑1以下拉出A、B两子，这时黑棋的C、D遥遥呼应这场战斗，D位的"阿尔法肩"马上派上用场，如图1-19所示。

这盘棋此后也精彩万分，要详述的话足以写成一本书，因此暂且介绍到此为止。我观战的时候一直觉得李世石形势不错，过一百手后才惊觉占优势的是AlphaGo，与第一局一样，我看不出李世石有什么明显的失误。看完这局让人开始转换想法，觉得"要赢AlphaGo说不定很不容易"，赛前认为"天上掉下一百万美金"的氛围已经完全改变。

这么说"阿尔法肩"是呈现真理的妙手吗？我可完全不这么想，我的座右铭是"围棋的变化是无限的"，"阿尔法肩"显示了一条至今被人所忽视的途径，扩展了我们的视野，可是围棋的变化若是无限。可走的路也是无限的。我想世界一流棋手，在同样的局面，大部分人还是不愿意下"阿尔法肩"，自己的路还是必须由自己走出来。

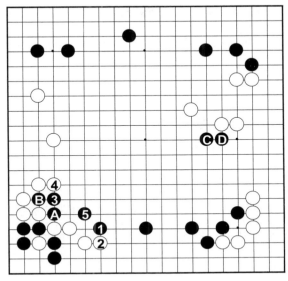

图 1-19

五、第三局——AI 新时代的开始

劈头二连败，这个状况大概让以"人类代表"自居的李世石不知所措，不过至今说不定不知不觉有"指导计算机"的心态，现在知道了对手的强大，反而可以放手一搏，我猜想李世石是以这种挑战者的心态去迎接这一局的。

精彩片段一： 致命性的遗忘

这次为AlphaGo带来突破的深层学习，是由多层的神经网络（neural network）所构成的，神经网络有时会有一个毛病，叫"致命性的遗忘（catastrophic forgetting）"，意思是教它一些不重要的知识后，它会把本来已经学会的重要知识忘掉。

第三局才刚开局，AlphaGo还没出问题，我私下怀疑是不是李世石发生了一个"致命性的遗忘"？

如图1-20所示，左上角白14二间跳，是至今实战里很多的下法，对此黑15立刻碰断，我瞬间也很赞成这种积极下法，但立刻想起"对黑15，白棋有16尖的反击"，黑棋难下。这是二十几年前已有的定论，因此几乎没有人下黑15，李世石果敢15碰，是有新研究呢？还是因为很久没人下，因而忘记白有16的反击？

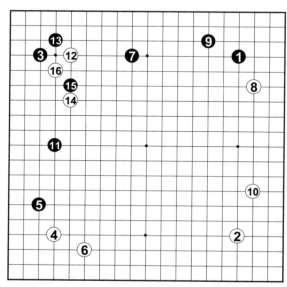

图 1-20

其实忘掉老知识本身不是坏事，看第一局的"阿尔法碰"与第二局的"阿尔法肩"，就知道所谓的定论，并不是那么管用。

围棋手法的进步有时也是遗忘的果实，白16尖后，若白棋是其他棋手，大概也会演变成难解局面，偏偏今天的对手是AlphaGo，此后表现精彩，战斗告一个段

落之后，李世石的形势成为
三局之中最大的落后局面。

**精彩片段二：窥见
AlphaGo的双重人格**

如图1-21所示，黑1置
右下四子不顾，瞄准左上
连到中央的白棋"大龙"
（还没活的大棋块），
AlphaGo立即察觉，白2
补，大龙几乎活净，黑棋更
加没戏唱了。

赛后李世石在棋盘前最
先指出，就是这个局面，应
该如图1-22所示，先把黑1
下掉，这样白棋要做眼比较
费时间，不过就算这样下白
4扳也是大棋，黑棋要蹂躏
大龙，并不容易。其实李世
石说该下黑1，应该只是说
说而已，因为黑1是黑棋很
不想下的地方。

这盘棋自布局以来，黑

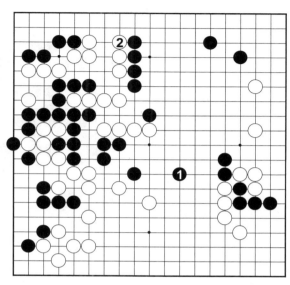

图 1-21

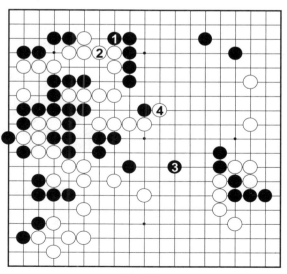

图 1-22

5从后门切断，如图1-23所示，是李世石的一大寄托，如白棋与图1-23同样，于白2位扳，黑棋看情形施出黑5以下的撒手锏，有一举获胜的可能，图1-22黑1的位置则意味着放弃这个手段，在形势不利的情况下想寻找机会，谈何容易。

因为现实中图1-21被白2挡掉，才会兴起该把图1-22黑1下掉的念头，这种"玩具被抢走才开始觉得很好玩"的心理，在局后检讨很常见，和对局中的思考是两回事。

话说回来，AlphaGo下了李世石最不愿意看到的一着，此后又在左上角出招。

如图1-24所示，白1以下手法细腻合理，等于让白棋大龙先手活，展现了部分

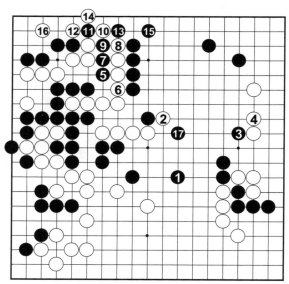

图 1-23

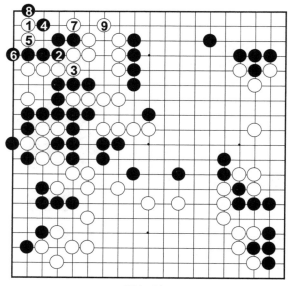

图 1-24

算棋的能力。包括第一、第二局至此，我们可以清晰地看到AlphaGo朝胜利全速奔驰的身影。

如图1-25所示，白1粘，黑棋败势明显，李世石2、4投入白地，做最后一搏，要是一般世界赛，应该说是"找投降机会"，因为要是对手是顶尖棋手，这样的白地是没有做活机会的。

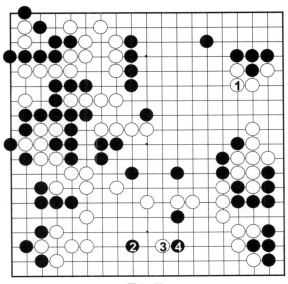

图1-25

不料此后AlphaGo的下法让人觉得爱杀不杀的，一度还让黑出棋（原以为没有手段之处出现破绽，就有手段了），与之前的精准、快速大不相同。因为黑棋落后甚多，李世石为了逆转，放弃出棋手段，硬拼到底。

这盘棋我曾做直播讲解，如图1-26所示，白3让我眼珠子快掉下来了，而

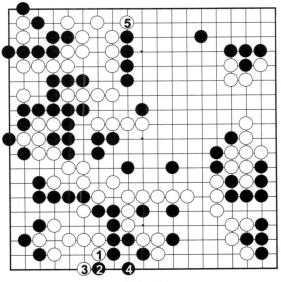

图1-26

白5让我晕眩，这两着棋令人觉得AlphaGo忽然改变性格。

图1-26的白3，应该如图1-27的白3点，下边黑棋数子可以干净吃掉，这是

很简单的手段，职业棋手只
要三秒就算得清楚。黑棋
打入白地是临死寻求手段，
白3点让黑棋百分百没有手
段，自然就会投降，这是人
类的逻辑。图1-26白3就是
告诉你"它不是人类"。

至于图1-26白5更是出
人意料，下边黑棋已经无
法干净吃掉，与邻接白棋
棋块呈现你死我活的攻杀

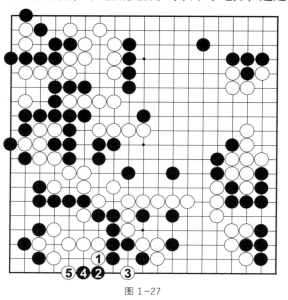

图 1-27

局面，白5这手其实有点道理，不能断定是坏棋，但这时要把视线拉到上边谈何

容易，就像与人厮杀的时候忽然跑去喝茶，令人啼笑皆非。

图1-26中白3、5并非AlphaGo的漏洞（Bug），因为它的机制是由

"胜率"一元评估的，当好几种下法的胜率都接近最高时，只会随机性地

选择其中的一种。

但人类下棋，是按照双方至此所建立的共识。好比棒球，九局两出局，打

击者击出投手前滚地球，比数大量领先的投手接到，只要小传一垒，比赛立刻

结束，没想到AI投手突然拿着球做起伏地挺身，让打击手上垒。问它："你在

干什么？"它从容地回答："下一个以后的打击手，每一个人让他出局的概率

都接近100％，所以结果是一样的。"

好像不无道理，不过人类听起来还是觉得怪怪的。

其实我知道AlphaGo有这个问题，因为比赛至此都没有显现，我怀疑是否已经加以改善，没想到在这时露面。这其实可以多加一个解释："要是AlphaGo传一垒，它会担心有暴传的可能。"这个问题容后详述。

此后AlphaGo终于让李世石出局，历史性的人机五番赛，计算机以三连胜决定胜负，让全球震惊、计算机界欢呼、围棋界叹息。我立刻在日本围棋网站随兴打了"各位棋友不必气馁，这不过是新时代的开始而已"的评论，这个想法至今没有改变。

六、第四局——人类的逆袭

这次比赛，Google为了取得数据，约定不管比数，都要下满五局。番棋胜负决定之后的对局，在近代围棋大概是头一遭。

众所周知，第四局这盘棋，李世石的"神之一手"为人类带来胜利，本局话题自然也离不开那一手，但以职业棋手来看，AlphaGo的布局手段很值得讨论。

精彩片段一：李世石假装被骗？

如图1-28所示，白1时，黑棋的AlphaGo突然2碰，这个碰比起"阿尔法魃"或"阿尔法肩"，离常识更远。对此，李世石白3反拨，这又有一点"中计"之嫌了。

如图1-29所示，要是这是第一局，我想李世石会白2应，黑3与黑1是成套的手段，白棋照样白4应，这是最普通的下法，而我看不出有任何问题。"阿尔法觑"或"阿尔法肩"，让人重新评估围棋实地与势力的均衡，也就是势力报酬率。可是以至今的围棋看法，黑1、3并没有加强势力，本图大损实地，要是这样的下法也能成立，"阿尔法觑"或"阿尔法肩"都只是小儿科，不值得大惊小怪。黑1、3之后采取黑5、7等强硬手段，被白8断看起来无理，要是如图1-29的下法，AlphaGo会怎么下，令我好奇万分。

如图1-30所示，实战时，白在B处扳，反而引发黑

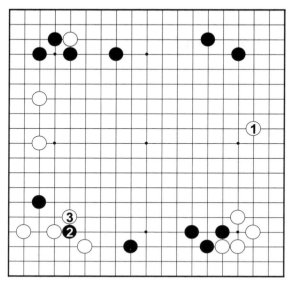

图 1-28

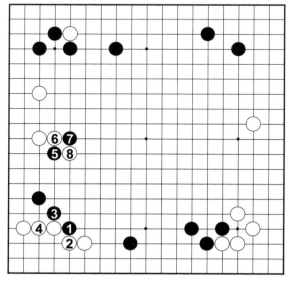

图 1-29

1的强硬手段，白B见似强硬反而留下弱点让黑棋利用，这是围棋很妙之处，黑1后白2加补一手，主战场的左边变成黑棋连下两手黑11为止，与上边黑A得到连接，原本白棋"人多势众"的左边反而被挤压到棋盘旁边，AlphaGo瞬间奠定优势。

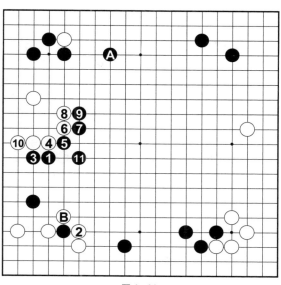

图1-30

如图1-31所示，白2以下应战的话，黑棋有黑5断的反击，白棋难办，就像AlphaGo丢出黑A一片碎肉，李世石吃了B，反而处处欠它人情，图1-30的结果让人觉得李世石被AlphaGo骗了。

可是李世石何许人也（因为很重要，所以再说一次），虽说AlphaGo厉害无比，要骗李世石真的这么容易吗？我现在认为这一盘

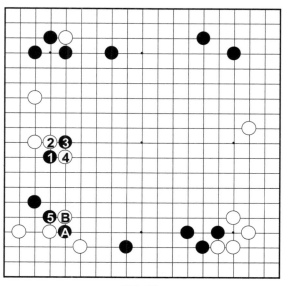

图1-31

31

棋李世石别有用心，第3局后盘AlphaGo可疑的下法，让人怀疑它是不是对"围大空之后被投入，必须强杀对手"的棋形不擅长，所以这盘棋，李世石置善恶于度外，故意引导棋局成为类似局面。

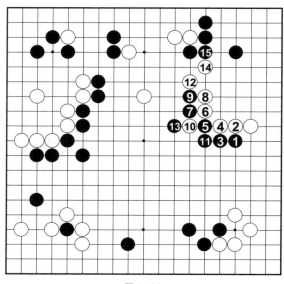

图1-32

精彩片段二：诱敌深入

如图1-32所示，黑1是AI爱用的肩冲，要不是AlphaGo下的，一定没人赞成。这个局面上边白棋四子孤立，是很好的攻击目标，可是黑15落后手，这个结果令普通人无法满意。

接下来如图1-33所示，白1长四子轻松回家，此图是至今人类棋手不会采用的，但黑2提后，对白棋仍有A、B等攻击手段，而黑棋全局没有弱点，AlphaGo判断，这

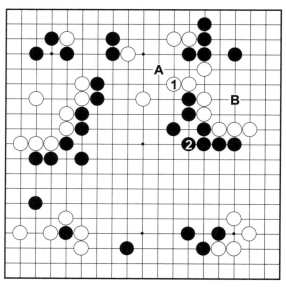

图1-33

是最容易致胜的途径。

不料，如图1-34所示，李世石不接回四子，竟然白1逃出，被黑2、4切断，黑10为止，白四子尽被纳入黑棋囊中，上边黑地明显大于右边白地，谁都觉得李世石又不行了。

但此结果用"李世石的计谋"这个观点去看，也很合理，第三局AlphaGo对投入自己空里的敌子，没有全力扑杀，李世石有所感，故意让黑切断四子，成为AlphaGo必须通吃白棋的棋形。

精彩片段三：神之一手

此后白棋经过数手准备后，杀出白1挖的"神之一手"，为人类带来胜利，如图1-35所示。这也是包括对AlphaGo的升级版

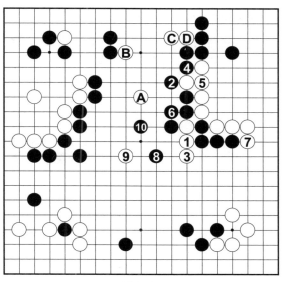

图1-34

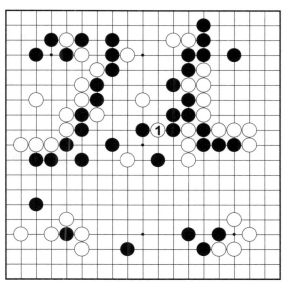

图1-35

Master的所有人机对局里，人类所得到的唯一的胜利。白1是天来妙棋吗？用普通的眼光去看其实不是，因为这个手段本身是不成立的。

对于"神之一手"黑1是普通应法，如图1-36所示。对此，白2、4、6先手将军后，白8可以吃掉黑A、B二子，这是"神之一手"的基本计划，但对于白6，黑棋有别的应法。

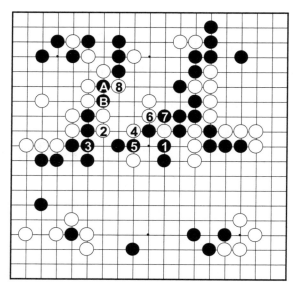

图1-36

如图1-37所示，黑2可以从这一边接招，这着棋并不是很难，对白3提，黑4没有问题，而对白5断，因黑棋有下在2位，可以黑6、8反吃白棋二子，所以黑棋原本是没有问题的。

但如图1-38所示，AlphaGo没花多少时间思考就黑1退，大概是觉得

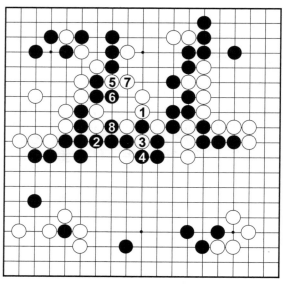

图1-37

34

这样更安全，但被白2、4追打，黑地有A与B两个漏洞，至此终于被李世石搞出棋了。

如图1-39所示，这盘棋下完之后好一阵子，棋界一直认为，这时黑棋二虎还可以撑得住，所以AlphaGo是错失两次机会，后来发现对于黑2，白棋有白3、5以下的手段，白11后，A、B两处无法兼顾，黑棋崩溃。这个手段看起来也没那么难，但和一开始的计划途径不同，所以这么多职业棋手都没看到，可见这个局面的确很复杂，难怪连AlphaGo都下错了。

第三局AlphaGo虽一次又一次放生对手，结果还是守住最后的防线，但

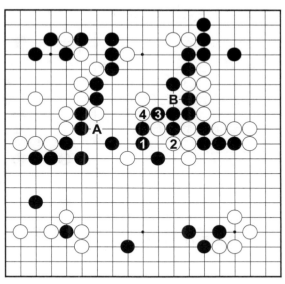

图1-38

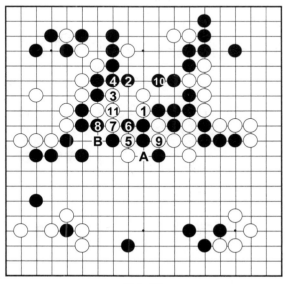

图1-39

这局棋则在失误之后，就完全迷失方向了。

如图1-40所示，AlphaGo找不到对付白1的手段，黑2碰，转战右边，意图若右边发生战斗，可能顺势修补中央的漏洞，不过这着棋和AlphaGo至今的所有着手都不一样，是在没有把握的情况下出手的，实战黑4以下几着损棋之后，还是只能回头黑10提掉白A的"神之一手"，白11扳黑棋越来越束手无策了。

如图1-41所示，对于白1，黑2切断，白3、5是一开始就准备好的手段，可以吃掉黑棋两子，所以黑2得不到好处，但又找不到其他可行的方案。

如图1-42所示，迷失

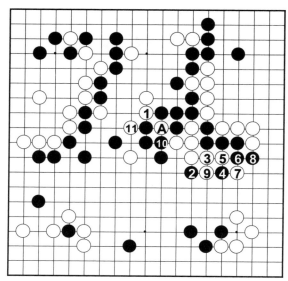

图1-40

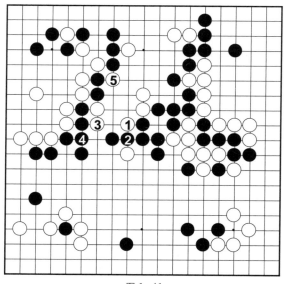

图1-41

36

方向的AlphaGo在别处乱闯了一阵子，再度扩大劣势之后，黑1回补中央，本来没命的中央白棋，白2、4不但还魂，一边切断左边黑棋，白6觑还准备反咬黑棋一口，果然"僵尸流"碰到AI还是照样施展神功。

有人说"神之一手"本来是不成立的，没有那么厉害，可是我们通过棋局的进

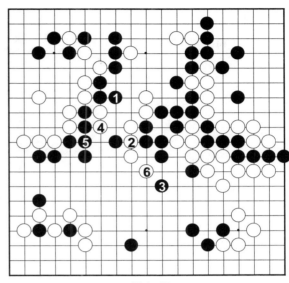

图 1-42

行就可以看出来，那个局面不完全是偶然出现的，而是李世石根据自己败战的经验，感觉出AlphaGo有机可乘的棋形，必须是李世石这个人在全力拼搏下才可能得到如此的胜负感。

"神之一手"论可看度与内涵都是超一流的，或许命名为"魔鬼之手"会更为贴切！

精彩片段四：水平线效果

这盘棋之后AlphaGo的下法，也成了讨论AI能力的焦点。如图1-43所示，在形势已无药可救的局面下，黑7是棋力很低的人才会下的"小棋"，而黑1、5、9、11等手段，完全是期待对方"超低级错误"的着手，在进入图1-43之前，黑棋也已经有很多手是这样的下法，人类只要稍有棋力，是不可能

这样下的。

　　看棋的很多棋友被吓坏了，宛如诺贝尔奖得主因为不肯认输，突然躺在地上大吵大闹，这样的举动让人对AI产生戒心，赛后的记者会，问题也集中在AlphaGo的这个现象上。

　　因为我正参加围棋软件开发团队，知道这个现象其实稀松平常，这是这场比赛前游戏AI就发生过

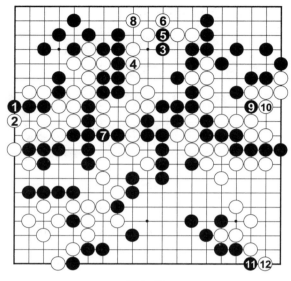

图 1-43

的共同问题，日文称为"水平线效果"。意思是因为程序对于"自己搜寻深度以上"的问题无法判断，以至于做出从长期观点而言会有不良影响的决定。

　　这盘棋其实在图1-40黑2时，水平线效果就开始发生了，因为黑棋要是在中央应付白棋，白子被救回的情况就会"确定"，那么AlphaGo的自我评估将大幅下降，但AlphaGo只要在它搜寻的深度内（例如十手）不去解决中央棋形，而在别处挣扎，中央的问题会跑到程序的"认知水平线"之外，看不到的问题，不需去解决它。

　　虽然当时的局面，AlphaGo要是好好处理中央，胜负还在未定之天，但对AlphaGo来说，在别处鬼混，自我评估反而最好，说得简单一点，"水平线效果"就是"AI逃避现实的举动"。

在图1-40的时候，因为局面变化还多，人类会觉得AlphaGo的下法有它的道理，不会感到那么奇怪，可是棋局进行到图1-43，黑棋"只是一步一步接近死亡的界线"，对AlphaGo来说，黑1、5、9、11一方面是拖延棋局进行，另一方面，因为在走子模拟里面，对手有很小的概率会出错，所以这些下法依然是胜率最高的选择！

AlphaGo并非发生什么特别状况，可是对人而言，图1-43的下法非常怪异，甚至会感到"期待对方下错"的恶意。记者会上有人问：Google宣称要把AlphaGo的技术应用在其他领域，如医疗、省电等，要是出现这样让人讶异的行动怎么办？Google说：就是为了避免发生这种情形，才要办这个比赛。说得也不是没道理，不过AlphaGo这场败仗提醒世界：不管是人还是机器都不可能是完美的。

"水平线效果"是至今无法解决的问题，此后AlphaGo团队的对策不是解决它，而是尽量让这个问题不会发生，虽然之后AlphaGo的升级版Master还没显示出弱点，可是这个问题还是让人留下戒心。换个角度来说，只要AI在很多领域比人工作做得好就够了，AI有这么大缺点还能打败人类，反而证明它拥有强大的能力。

第四局赛前，我本来觉得因为五番棋胜负已定，媒体可能会失去兴趣，不料第四局媒体并没有明显减少，而李世石胜利的消息更被全球媒体大加处理，反应比前一天AlphaGo胜利的消息还要热烈，让我感到人对于AI的感情真是既复杂，又微妙。

七、第五局——平静收场，2017年5月再见

《星球大战》里，卢克将质子鱼雷打进"死星"的弱点让它爆炸，正义方也转败为胜，全球媒体以这样的氛围，报道了第四局李世石的胜利，只是AlphaGo并不会爆炸，照样若无其事地下第五局。

精彩片段一：大头鬼问题

第五局虽也十分精彩，但我想把话题锁定日后的"大头鬼问题"上。

如图1-44所示，AlphaGo白棋，这盘棋我在日本的电视台做实况转播，白2断出乎我的意料，我愣了两秒后说："哎呀，原来阿尔法狗连大头鬼都不知道耶！"白2被黑3抱吃，若没有后继手段，白棋只是送菜，白4扳，右边黑棋二子好像有危险，可是对此黑5之后有"大头鬼"的手段正好可以吃掉白棋，也是李世石已经算好的手段。

如图1-45所示，实战时完全依照我的讲解，成为此图，对于白1，黑2再送一子，是妙棋也是"大头鬼"的要件，以下黑8为止，黑攻杀胜白一气，至

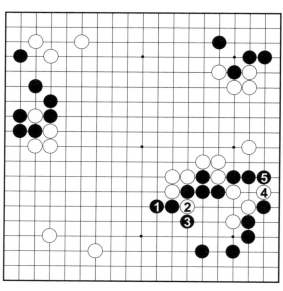

图1-44

此，AlphaGo也终于发现被吃，白9转战右上角。这个结果使白棋连下好几手都被吃掉，当然亏了，观战者无不以为黑棋形势大优。

白棋要是继续攻杀，结果如何呢？如图1−46所示，对白1吃黑二子，黑棋重新再黑2扑进去，以下黑6可以先叫吃白棋。

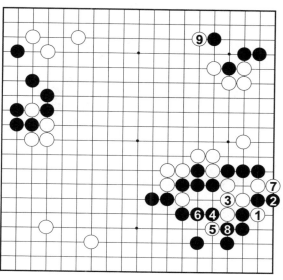

图1−45

如图1−47所示，接下来白1至黑4为止，白棋终究被吃。白棋的形状很有意思，这一连串的手段，中文名字是"大头鬼"，日文名字则为"石塔"，更是传神。

"大头鬼"不仅形状好玩，它手段的锐利，一定让人留下感动，而且出现频繁，是有段者的必修课。

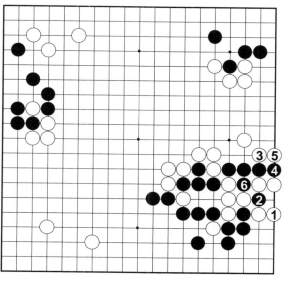

图1−46

但大头鬼的手顺从图
1-44白3开始，到最后被吃
掉长达二十二手，对人类
来说，因为是当成一套手
顺记下来，所以没有那么
困难，但第四局AlphaGo
让人感觉算长手数的变化有
问题，实战又是无条件被
吃。白棋因为没算好这个变
化，结果送子吃亏了，这样
的推论是很自然的。

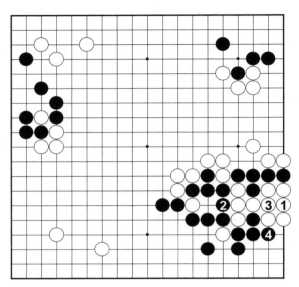

图 1-47

实战下到此，如图1-48
所示，李世石黑1、3在狭窄
处做活，过于怕死了！被白
2从宽广方面包围，白12为
止，黑棋已经陷于劣势，我
想李世石必定以为右下角得
利甚多，不然黑11定会于2
位长，AlphaGo要吃掉这
块黑棋谈何容易？

这盘棋李世石后盘发
力拼命，一度让形势接

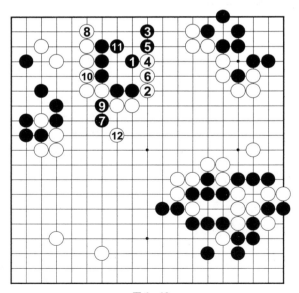

图 1-48

近，但最后还是找不到决定性的机会，AlphaGo以四胜一负结束了这场赛事。

比赛完了，没想到事情还没完，日后DeepMind公开了一些对局时的记录，从这些记录观察，我觉得"AlphaGo漏算'大头鬼'"这个说法可能有问题。

理由有三：

（1）软件的胜率评估一直都是最重要的信息，要是程序有漏算，在发现漏算时，胜率会有很大的波动，可是AlphaGo的胜率评估一直平稳，表示它只是按计划行事。

（2）在算棋记录里出现这样的变化：

如图1-49所示，对实战白1碰，黑棋要是黑2以下顽强抵抗，白13变成先手，右下会有白17的手段。

也就是说，AlphaGo故意在右下角弃子，有助于右上角的变化。

（3）DeepMind还公开了一些AlphaGo和李世石五番棋之前，自我对局的棋谱，在棋谱里面，出现了不知道"大头鬼"就不会发生的变化，这盘棋的考虑时间比自我对局多得多，说AlphaGo没算到"大头鬼"并不合理。

看来"阿尔法狗不知'大

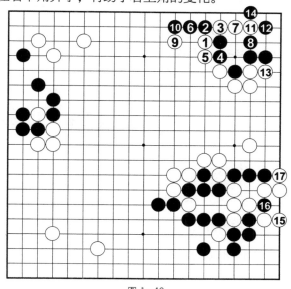

图1-49

头鬼'"这个讲解只好更正一下，不过对于"AlphaGo是先知先觉的弃子大师"这种说法，笔者却不敢苟同。

如图1-50所示，其实右下除了实战以外还隐藏了一个变化，黑1时白棋有白2接，这一方面的手段，对此黑棋只好黑3应，以下到黑棋7为止是必然，这个局面下边白棋距离左下友军很远，黑棋暂时没有问题。

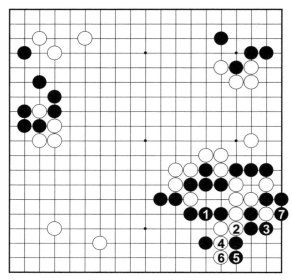

图 1-50

但要是如图1-51所示，是白2来子，刚才的手段就很有威胁，有的局面只好黑3应，白棋还可以再下白4，白2与黑3的交换对白棋来说有很大的利益。

所以图1-45实战，白棋在下白9之前下掉白7，从人类的标准来说，是很严重的失着，虽说AlphaGo这

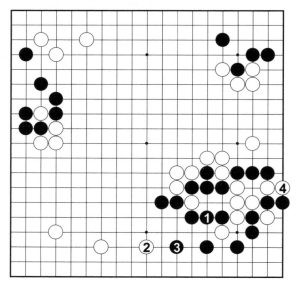

图 1-51

么下有它的道理，白7却是不值得效法的，说阿尔法狗连"大头鬼"都不懂实在失礼，但说它什么都懂，就未免捧过头了。

这个"大头鬼"问题在围棋里可说是很单纯的问题，可是说明起来就很复杂，连以上的说明也有很多简略掉的地方。围棋对人来说实在太难、太复杂了！

八、五番棋总结——AlphaGo 让人回味无穷

从五局全盘看来，AlphaGo的表现不只棋力高强，内容也让人回味无穷，面对强大对手，着法行云流水，找不到勉强的下法，在不知不觉中获得领先优势。而且在对方还没感到杀气时，就要了对方的命。战胜时仿若高僧达人，让人想起吴清源老师；败时则姿态完全相反，一直下希望对方失误的将军棋，样子像是个绝不服输的顽童，但这是同一机制的两面，无法完全解决。

有人认为这次李世石的压力过大，没有发挥出真正的实力，不过只要是人，心理与生理的波动在所难免。松懈、恐惧、紧张、疲劳，任何因素都可能影响发挥程度。一般生活中，做了十件好事后，有一件让人产生疑虑，大家会觉得这只是杂音，当作没事。可是一盘围棋，单方须下一百多手，顶尖决战中一手失误就无可挽回，而机器每着棋都可以保持在一定水平以上。

除了身心状态是人类的弱点以外，思考方式也不占便宜。AlphaGo下棋，是一种纯粹机械式的反应，如同对自动售货机投入目前局面，它就吐出一个答案，虽然现在使用的概率处理是完全客观的。而人类的思考还是需要逻辑的，"因为A所以B，此后应是C"的推论，下棋时也会有，用前后的状况，做一种

故事性的解读，找出因果关系来。

人这样做当然有道理，想找出关键、提高效率，无须每一手重新做全局的判断。但这种思考法难免有主观混入，影响正确性。

AlphaGo动用庞大的硬件资源，不需要简化信息，直接处理全局，用超高的计算力得到绝对的客观性，换掉李世石，不见得会有别的结果，若论取胜的能力，AlphaGo明显超过人类了。赛前只有少数AI界的人看好AlphaGo，比赛结果让世界认识到计算机的威力，预感AI将大举进入未来的生活。

Google并非发明多惊人的技术，AlphaGo将既有的深层学习与自我对战训练，加上与蒙特卡洛树搜索（MCTS）技术做了巧妙的结合，连AlphaGo团队都未必想到效果会这么好，要下好围棋，死背棋谱没用，需要对棋盘全体直觉式的认识，计算机程序必须用语言记述，"感觉"是很难涉及的领域，然而深层学习就是学习人的感觉的技术，弥补了现今计算机的弱点。

围棋打败人类的结果也让社会改变了对AI的看法。我的朋友告诉我，原本他不相信自动驾驶，现在开始觉得说不定比自己还可靠。有人预言计算机可能夺走我们的工作，这次大赛结果很清楚地告诉我们：这不是杞人忧天。

可怕的是，AlphaGo成型只约一年，在很短的时间达到这个高度，因为有自我学习的功能，能不眠不休地磨炼自己的质量，AI的成长不仅仅是范围扩大，它的速度也可能超乎我们的想象。当机器能把一件事做得比我们好的时候，我们该教它们什么？或者不能教它们什么？而我们自己又还能做什么呢？AlphaGo留给我们一大堆新的问题。

回到围棋，有很多报道表示AlphaGo下出很多怪棋，以人类所不能理解的手法击败人类，我完全不赞成这种说法，因为AlphaGo从来没有违反"棋理"

的着手，何谓"棋理"？我认为是"合理地衡量利益与可能性"，这也是至今人类研究围棋的共同目标。

棋理是人类思考的依据，正解分明的局面是不需要棋理的，AlphaGo不仅没有否定人类至今的棋理，反而常常鼓励我们，抛弃容易倾向确保利益的思维，更加拥抱棋理。

玩游戏原本是最人性的表现，明知没有实质利益，却愿意花一大堆时间在上面，对人来说最重要的还是下棋以后是否感觉到充实。

李世石在第四局赛完后，记者问他，连战连败之余，为何还有力气扳回一局。李世石说："尽管状况超不理想，我提醒自己，对局时不要忘记享受下棋的乐趣！"

AlphaGo在五番棋之后，一直没再重现江湖，其间虽然有升级版Master的测试性活动，AlphaGo本尊则没露脸。

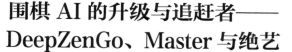

第二章
围棋 AI 的升级与追赶者——
DeepZenGo、Master 与绝艺

一、日本国产的 DeepZenGo 的挑战

DeepZenGo的前身Zen是软件"天顶围棋"的思考引擎，棋力有业余高段，会下棋的人可能知道这个软件，而实际在用或用过的人，说不定还会对它有点感情。因为如此，Zen在中文围棋世界算是颇有知名度。

Zen是由尾岛阳儿和加藤英树共同开发的，尾岛阳儿在开发Zen之前，是RPG电玩游戏界里的著名程序设计师。在AlphaGo出现前，Zen与"疯石围棋（CrazyStone）"被视为二强，领导了围棋软件世界好几年。

Zen为了引进深层学习技术，2016年3月与日本多玩国（DWANGO）公司等携手，改名为DeepZenGo，以"打倒AlphaGo"为目标进行开发，开发团队成立大会本身就获得日本媒体大量的报道，其后DeepZenGo的各项赛事，日本媒体也都尽可能给予关注及报道。

DeepZenGo团队刚成立后，随即在3月下旬举行与职业棋手对局的"电圣战"，还被名誉棋圣小林光一让三子，过了半年多的11月，DeepZenGo就与名誉名人赵治勋举行分先的三番棋赛。虽说这是已被预期的进展，但表明深层学习技术果然效果非凡。

（一）DeepZenGo对名誉名人赵治勋三番棋

长久以来，日本对人机赛就相当关注，这次是日本软件第一次以平手与日本一流职业棋手对弈，比起平时的头衔赛，到场采访的媒体数量更加惊人。DeepZenGo虽是日本"国产软件"，但这是继AlphaGo之后的人机战，连日本之外的各国媒体也都非常瞩目。

名誉名人赵治勋是日本获得头衔次数最多的棋手，他的棋谱一直是中国六小龙时代的范本。

第一局　少年竟是"老花眼"

赵治勋猜到黑棋。如图2-1所示，到黑7为止的开局，让我忍不住想笑，因为这不是赵治勋的棋风！

黑1、3、7比起一般的开局，位置偏高，这样的开局虽有容易战斗的优点，但不容易成为实地。我很喜欢这种布局，可是对赵治勋这样下，可以感觉对手在窃喜，认为这盘棋会变得好下。想必赵治勋准备了

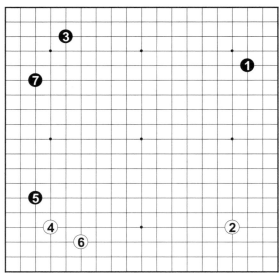

图2-1

少见的布局，考DeepZenGo一下，但从AlphaGo对李世石之战可以知道，考考AI这个主意并不一定管用。

精彩片段一：DeepZenGo不改本色

如图2-2所示，这盘棋开始从右上角发生战斗，白1夹，果然如此！

这手棋以一般眼光来看，是有点过分，Zen本来是好攻的棋风，这也是它的特点，这天我最好奇的就是——Zen加进深层学习后会下出什么样的棋？白1不改它本来面貌，让我既安心又担心：安心的是，DeepZenGo就像是Zen长大了，没变成另外一个人；担心的是，这样能下赢AlphaGo吗？

如图2-3所示，我想一般职业棋手会将白1往中央多靠一路，这样对于黑2，白可以3挡守住这个防线。因白A位有子，次有B位扳，把黑棋封起来应该比较好下。

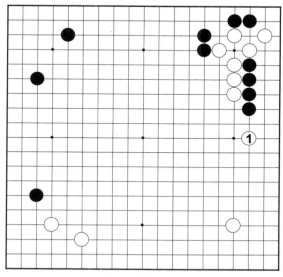

图2-2

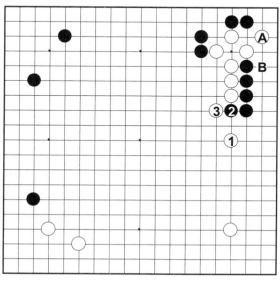

图2-3

如图2-4所示，实战黑1
以下冲出后，白A与黑棋过
近，易受攻击，但这盘棋黑
棋本来以扩大左上为布局基
调，白6的箭头完全破坏了黑
棋的势力范围，此后黑B至E
四子可能受到攻击，黑F、G
之间也可能被切断。因为很
难评估全局黑棋的损失，也
就无法断定白A不好，这就
是围棋的有趣之处。

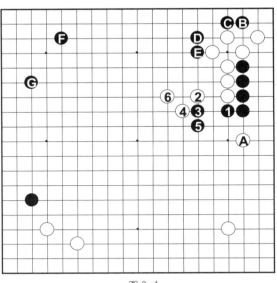

图 2-4

精彩片段二：逢断必断，勇猛无比

如图2-5所示，经过
右下角、上边两次交锋，
DeepZenGo丝毫没有居于
赵治勋的下风，战局延伸
至左上角，白1碰是让我
叫好的一着，但之后的白
5，我本来以为白棋会在A
位挡，实战竟然白5断，

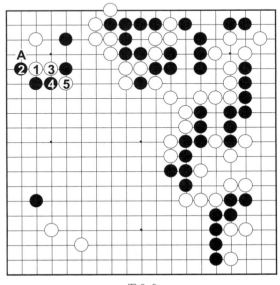

图 2-5

DeepZenGo的勇猛超乎我
的想象。

图2-5中，白1渡是最平
凡的下法，因为如图2-6所
示，白棋有A断的弱点，能
与左上角孤子连上，也算不
错了，只是黑2、黑4先手，
黑子棋形优美。

如图2-7所示，我以为
DeepZenGo要白1挡，再白
3渡过，这样留有A断，看起
来比图2-6好。日语中形容
对细部处理得当，有一词叫
"神经通达"，我当时想，
经过"神经网络（深层学习
的基本结构）"的训练，果
然神经纤细，没想到却是白
A断，我觉得DeepZenGo简
直有勇无谋到"没神经"！

结果如图2-8所示，黑8
为止，白棋暂时没有后继手
段，白9转攻中央，当时认

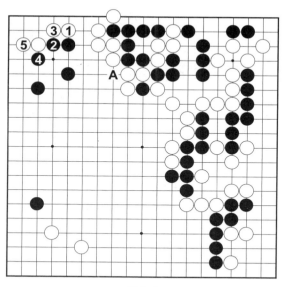

图 2-6

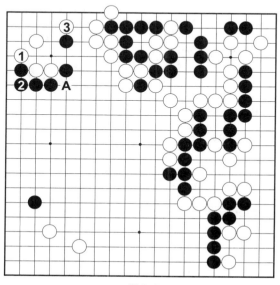

图 2-7

为DeepZenGo下坏了，现在看起来，白棋虽暂时不动，留有各种手段，可依中央的棋形施出，是否真的失败？和序盘时右边的逼迫一样，无法断定。

倒是图2-8中的白5，改为图2-9中的白1立的手段，我觉得更为可行。黑6为止，左上角看来被吃，但白7后黑真要吃白并不容易，而黑棋也有被吃的危险，这样下应该比实战更好，图2-5白5的逢断必断，原来是显示了DeepZenGo深藏潜力的一着过人强手。

精彩片段三：Deep-ZenGo "老花眼"致败

围棋软件在加入深层学习以前，有很大的通

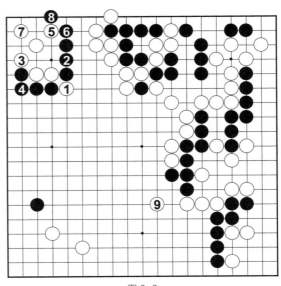

图 2-8

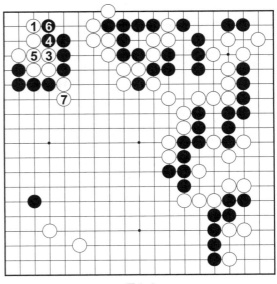

图 2-9

病，我称其为"老花眼"，意思是"远处的东西看得清楚，但近的东西反而模糊不清"。一般人以为计算机一定比人算棋厉害，但需要靠感觉的布局就只好背棋谱，其实情况几乎相反，深层学习以前，软件最大的武器是"模拟"，模拟必定只能针对全局去做，软件在全局性的问题上可以有很好的表现，但对于局部的死活或攻杀，也只能用全局的模拟处理，无法针对一处去准确计算。

人很容易就能对自己关心的局部聚焦计算，但计算机就比较弱，甚至关于辨认局部与全局这一点，连AlphaGo也还没做到，深层学习普遍提升了软件全体的能力，但计算机本身处理局部的能力还是很有问题。AlphaGo能胜李世石，是因为全局的领先，领先程度大到可以让它绕过局部的处理。

如图2-10所示，白1是大恶手，黑6为止，白棋被吃六子，白1除了部分算棋力量的问题以外，原因应该是深层学习还不够。

如图2-11所示，这个棋应该白1立，黑6为止白死五子，也就是少被吃一颗子，用围棋术语来说是DeepZenGo"净损二目"。平常，职业棋手为了赚二目，可说是呕心沥血、不惜

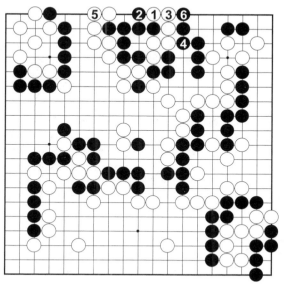

图2-10

代价，但DeepZenGo白损
二目却懵然不知，不会痛，
倒让人挺羡慕的。白1立本
来就是比较"正"的手段，
深层学习程度够的话，我相
信白1是会被搜索到的。

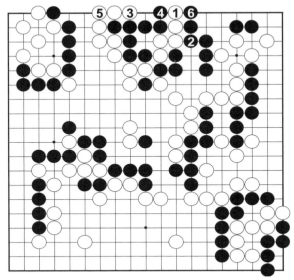

图 2-11

　　如图2-12所示，这盘
棋白棋的败着是白1扳，应
该下在下边A位，这个对白
棋形势有利的地方就是围棋
所谓"双先手"的地方，不
论哪一方先下到都能无条件
得到利益，一来一去太要命
了！要是人类棋手持白棋，
是不可能不下A位的。

　　但DeepZenGo有它不
下A位的原因，对局记录也
显示：因为它对事实上已经
被吃的，即白B至I这一串
白棋，误以为还没被吃，
所以担心下A对白棋有不良
影响！

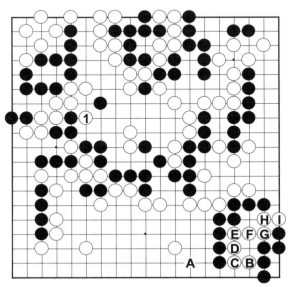

图 2-12

56

"老花眼"的问题，比"水平线效果"还严重，因为"水平线效果"出现时，大概已经形势不妙了，而围棋AI"老花眼"到连死活都看不清楚的话，可以说没有棋可以赢。就因为这样，我看了樊麾的五盘棋，也认为李世石不可能输给AlphaGo。实战的白棋是被吃的，这个判断只要是中级棋友，就不会出错，DeepZenGo搞不清楚这个死活，却还对赵治勋有赢棋机会，这也是围棋深奥的地方。

对人而言，下棋就像画龙点睛，在广大的棋盘上画出自己的构想，可是这幅画的优点，必须由细部的勾画去证明。DeepZenGo画了一条好看的龙，可是手竟然抖得没办法点到眼珠。

我顿时想起宫崎骏动画《风之谷》的最后场面，巨神兵被库夏娜带出来时，克罗托瓦说的"有一点太早啦！"。

第二局　刺眼神功击中要害

第二局紧接着第一局，在翌日连日开赛，DeepZenGo持黑棋，经过深层学习会下出什么样的布局令人期待。

精彩片段一：一夹定优势

如图2-13所示，白2守角的瞬间，黑3夹真是好棋！白棋难过，一如

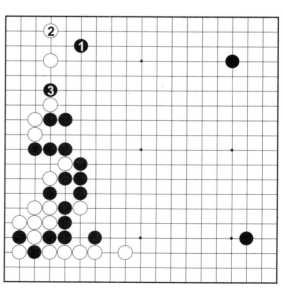

图2-13

DeepZenGo棋路在序盘就开始发挥力量。

如图2-14所示，白1应的话，黑2叫吃顺畅无比，将来黑A、B可能成为先手，感觉全局黑漆漆的。连喜欢让对方做模样（单方广大的势力范围）的赵治勋都觉得此图不可行。

如图2-15所示，白1不愿被压在下面而冲出来，平常的棋形当然这样下，但现在这个局面，左下黑棋是铜墙铁壁，黑2、4分断，白棋苦不堪言，黑棋一击奠定优势。

精彩片段二：破眼执念非比寻常

棋局在DeepZenGo的优势下进行，虽然有时会让人觉得稍微怪怪的，

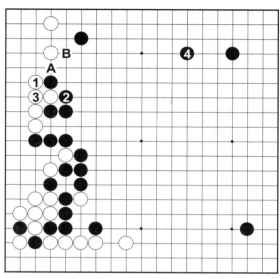

图 2-14

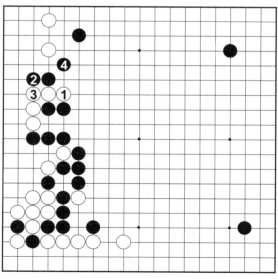

图 2-15

AI的思维本来就跟人不一样，但这图让我笑到快从椅子上掉下来。

如图2-16所示，黑1、3这太怪了，稍有棋力的人一定不会这样下，想下黑3的话，会如图2-17所示，先从黑1撞，再黑3觑，这个手顺的话，白棋只好白2、4应，黑棋可以黑5、7围攻，黑棋从此一帆风顺，人类100％会这样下。

回来再看一下实战黑棋的下法，如图2-18所示，黑3后，白棋下A就和图2-17一样，可是这个图白棋已经渡过，不一定要下A，可以改下别处，要是那一着棋还比A好，黑棋就吃亏了，也就是说黑1、3的下法，只有风险没有利益，这是围棋最基本

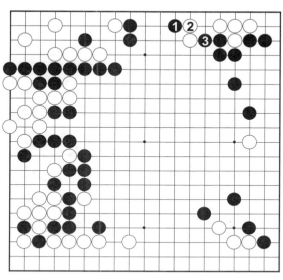

图2-16

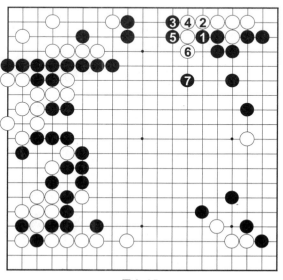

图2-17

59

的逻辑。

另一方面黑3撞，紧自己一气，让黑棋的棋子有发生危险的可能性，所以只下黑1不下黑3也是一种下法。唯有先黑1后黑3这种下法令人称奇，黑1后还搜索得到黑3这步，表示DeepZenGo对"破眼"非常重视。加强深层学习之后，这种低层次的怪下法可能改掉，但破眼的积极性应该会被保留。

如图2-19所示，实战时果然被白4跳出，看起来白棋轻松多了，但黑5破眼后黑7追击，不到最后不能"断定"黑棋是错的。

精彩片段三：背后强袭

棋局逐渐发展成为赵治勋拿手处理的在对方势

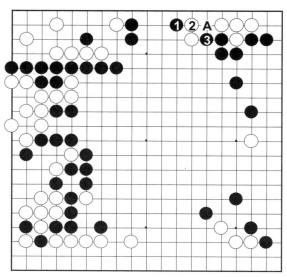

图 2-18

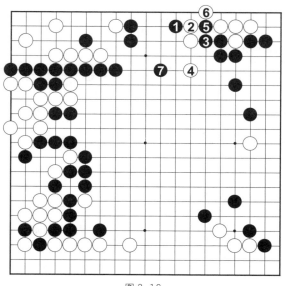

图 2-19

力范围内腾挪的局面。

如图2-20所示，白2
是赵治勋局后最后悔的
一着棋，以为黑棋会应
一下，结果被黑3从背后
反击，白棋变得更苦了。
赵治勋局后把白2改放A
处，还重下了好几次，说
这样的话白棋应该还可以
赢，不过这必须像他这样
身怀做眼神功才行，要是
我还是不敢拿白棋。

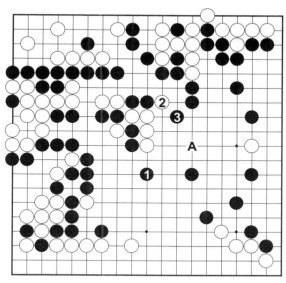

图 2-20

如图2-21所示，实战
演变至黑8，DeepZenGo
把白A吃掉，认为可以满
足，但白棋因此在右边
得以做活，白A可说是送
菜，其实也可说得到丢出
碎肉、调虎离山的结果。

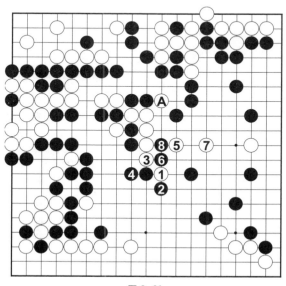

图 2-21

精彩片段四：破眼攻击中要害

如图2-22所示，右边白棋区块要是顺利做眼，黑棋也不能乐观，白1碰时黑2尖是"胜着"，这盘棋让人质疑的破眼功，终于击中要害了。对于白1碰，人类的注意会集中在被碰的黑A附近，黑2的手段很容易被忽视，不过要是顶尖棋手的话，只要有一点时间，应该是看得到黑2的。

如图2-23所示，实战白棋为了做眼，让黑渡过右边，黑8后还要下损棋才能做活。

如图2-24所示，实战中赵治勋不堪再被搜刮，白1粘被黑2、4破眼，白棋棋块"顿死"，以玉碎收场。这是DeepZenGo第一次战

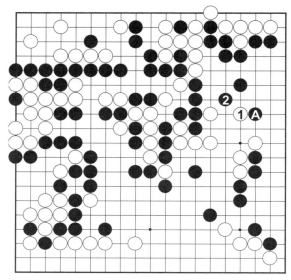

图 2-22

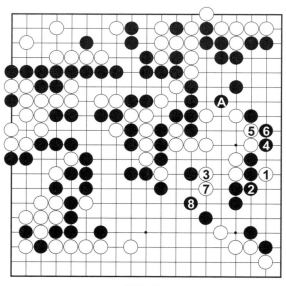

图 2-23

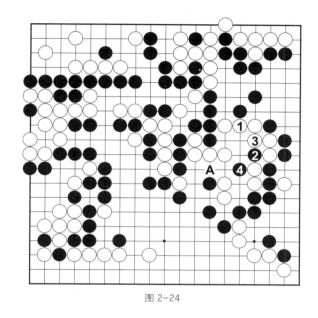

图 2-24

胜一流棋手，因为是连续两天的比赛，赵治勋在后盘时，疲劳已经挂在脸上，也凸显了人类的弱项。

虽说已经比AlphaGo迟了，但对一流棋手取胜一直是DeepZenGo的目标。赵治勋现在虽不在棋界的第一集团，却是代表性十足的棋手，局后担任实际棋盘落子、DeepZenGo的作者之一加藤英树感慨万千地说"终于等到这一天"，而之后，DeepZenGo还要面临更大的挑战。

第三局　DeepZenGo君子国投降

隔天才下第三局，赵治勋精神看起来好多了，他原本就是能量过人型的棋手，作为他三局棋盘前的对手，加藤英树也不禁感叹"赵治勋的'气'实在太强，我都快坐不住了"。休息对人类来说，实在太重要了。

精彩片段一：DeepZenGo给我信心

重新猜子后，DeepZenGo猜到白子，就算贴目是六目半（因为围棋先下有利，到最后黑棋必须扣掉的目数，按照中国规则是七目半），DeepZenGo

的评估是白棋稍微有利，拿白子，加藤看起来还蛮高兴的。

如图2-25所示，黑1跳时，白2马步飞让我眼前一亮，这时白A、B、C三子与黑D、E、F互相竞合，根据我的围棋理论，这时成为双方交的白2，是必须最优先考虑的，但当时要是我拿白棋，说不定反而会下G位，为什么呢？

因为如图2-26所示，被黑1、3碰退是白A的弱点，之后白棋难补，要是自己没有满意的对策，不敢贸然下A。但DeepZenGo不理黑棋，继承白A的原意，继续白4压迫黑B、C、D三子，这又是我不太敢下的一着，因为黑在E位碰就可渡过，本

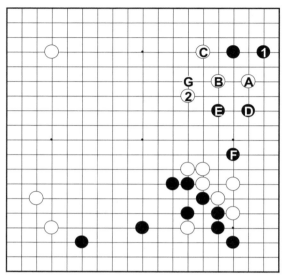

图 2-25

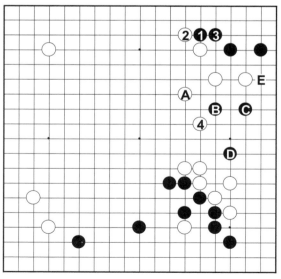

图 2-26

来黑棋渡也是一着大棋，白4反而促成这个手段，会不会让黑棋太轻松呢？

如图2-27所示，实战因为白棋不补，黑1断，以下黑13为止，黑棋连白棋的A、B二子都吃掉，顺便连C渡也省略掉了，我要是预见到这个结果，拿白棋是不敢这样下的。

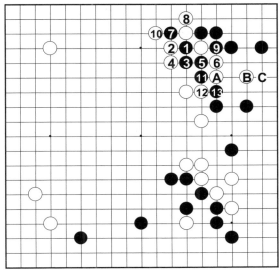

图2-27

但从此后的进行来看，左上白棋有利的空间庞大，白棋形势并不差。

DeepZenGo告诉我：想下的棋就放开去下吧！不过下输了，DeepZenGo是不会负责的。

精彩片段二：DeepZenGo的内部矛盾

在DeepZenGo的开发过程中，我最担心的是它的内部矛盾，好攻的Zen与善于形势评估的价值网络，会不会发生路线不同的内部意见对立，主战与平衡感的合作协调是顺利进步的关键，这个时期的DeepZenGo，有些地方的下法还是让我不解。

如图2-28所示，黑1拆时白2碰，我心里喊了一声："哎呀！怎么下到那里去！"这盘棋白棋利用厚势，把黑棋分成三块，现在应是磨刀霍霍，选哪一块黑棋比较好杀，这时不在左边开刀，反而跑到右边去捞地，实在令人无法理解，左边由白棋下，不管A、B、C哪一着都是很严厉的攻击手段。

如图2-29所示，实战到黑9，是白棋转身攻击的最后机会，可以在此脱先，转攻左边A、B、C等位置，右边白D变轻，还留有E的围挡，而黑棋先下也吃不干净。

如图2-30所示，实战中白棋平凡的白1、3，花一手完成手段，被黑4补，白棋的攻击机会就跑掉了。大概价值网络判断，这样形势不坏，可是这样下棋，DeepZenGo的优点尽失，一点都不精彩。

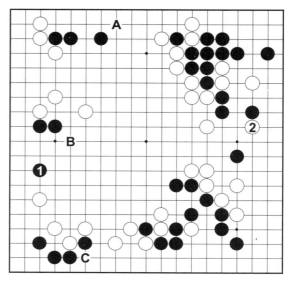

图 2-28

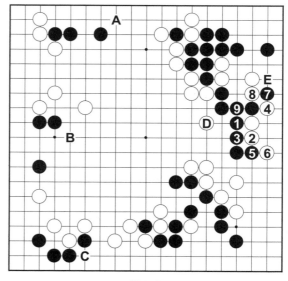

图 2-29

精彩片段三：操机手投降，令棋界错愕

以日本而言，这场三番棋是历史性的赛事，其结果却以"操机手投降"落幕，令人意外。围棋实在是有意思，任何事都可能发生。

如图2-31所示，赵治勋黑1挖，黑3断，这是一种激烈手段，成则得以决定胜势，反之有吃大亏的危险。不料黑3下后数秒，负责实际棋盘落子的加藤英树宣布投降，棋局突然告终，相信很多观战的职业棋手，正睁大眼睛细算此后变化，听到比赛结束大概都吓了一跳，然后会问"为什么要投降？"。局后各界对投降也出现很多质疑。

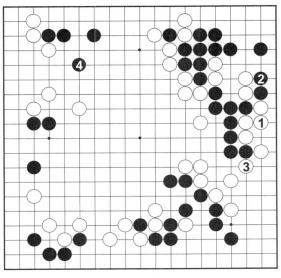

图 2-30

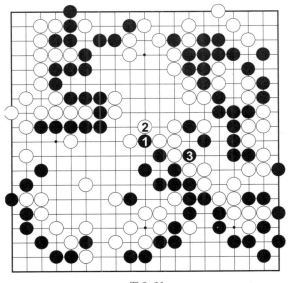

图 2-31

围棋AI投降的机制，一般是靠程序自己的评估，设定自己的胜率低过X％就投降，现在大部分AI的对局是设定在30％左右。

30％就投降？大概有些读者会感到惊讶，这是当然的，因为人类不会这样设定。若我现在与李世石对局，胜率恐怕不会超过30％，但我不会还没开始下就投降。30％投降的数字会不会定得太高了？

但不用担心，这就是现在AI的机制，30％是随机模拟中获胜的概率，AI的落子是从随机模拟中，经过精密的筛选得出来的，和实际有30％的获胜机会完全是两回事，自我评估低于30％的话，现实中获胜的机会是无限接近零的。

可能又会有读者问：无限接近零也不等于零，为何要投降呢？虽然没错，不过围棋的做法就是如此，围棋比赛的结果，有一半以上是"中盘胜"，也就是说终局才想投降的，要是一直没投降，对手可能出超级昏着，也有可能心脏病发作，所以获胜机会并非完全是零。但围棋除了比赛输赢，还有印证相互技艺的一面，人类下棋自然会有一刻，感到对手表现高于自己，觉悟服输，投降只是顺从自己的心声；另一方面，若期待对方出现意外，也与围棋的主旨不符。

数年前围棋软件棋力还低的时代，为了怕软件乱投降，少许程序在比赛时，把投降定在0％，现在的围棋AI已经很稳定，所以没人这样做了，30％左右是让围棋AI在较合理的局面投降的数字。

但围棋AI的固有毛病就是有时会对局面的"死活"做出错误的判断，这种情形下，围棋AI会在必败的局面中一直继续没有意义的对局，为了避免这种尴尬，计算机对局有"操机手投降"的机制，让操机手随时可以代表计算机投降。

图2-31黑3时，加藤就是依这个惯例表示投降的，这次比赛胜者有不少奖

金，加藤自己当然想赢得要命，不会随便投降。

想知道为什么投降，就先从图2-32所示的局面观察吧，因为必须要说明具体、复杂的手段，初学围棋的读者跳过也无妨。要是不投降，白1打以下至白11为止，该是如此进行：如图2-33所示，黑1粘时，白2、6先手活，舒适爽快！要是人的话，就算输也要下2、6后才投降，此后白8变化告一段落，虽然黑棋形势稍好，但若是人类对局，并非只考虑投降的差距。

随后有人发现，如图2-34所示，白1时，黑棋有先下黑2、4的手段；白11时，黑12断更为严厉。黑16为止，不但吃掉白A、

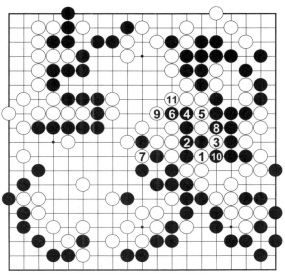

图 2-32

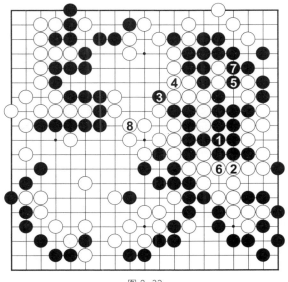

图 2-33

B二子，连黑4、C也救回来，原来DeepZenGo算得这么远，若是这样的话，投降也无可厚非。

其后过了两天，年轻棋手研究的结果是：这样做，其实中央黑棋损失反而巨大。如图2-35所示，接下来白1、白3渡过，白棋状况比图2-33时还好，所以完全是形势不明。以人与人对局的标准来说，不管形势如何，DeepZenGo，不，加藤英树确实投降得太快了！

但不一样的是，这是人机对局，加藤先生不只看到盘面，也看得到DeepZenGo的内部评估，加藤先生投降的征兆，其实从投降前的数手就看得出来。

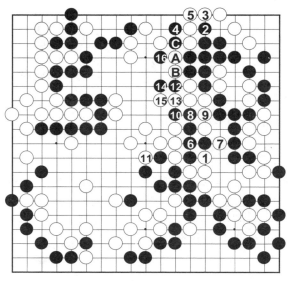

图 2-34

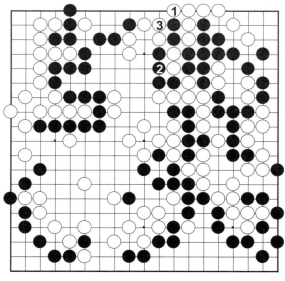

图 2-35

如图2-36所示，
DeepZenGo白1是大恶
手，平白损失一目以上，
不下白3也比较好，白5又
不像最大的一手。白1、
3可能让读者觉得似曾相
识，对，DeepZenGo已经
出现"水平线效果"了！
这一局要是不下白1，形势
还咬得很紧，DeepZenGo
是有名的"乐观派"，但
不知为何，这局棋却评估

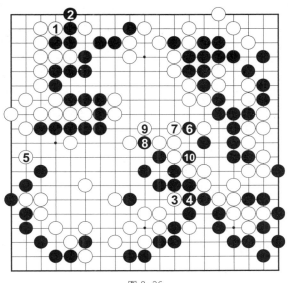

图 2-36

得非常悲观，从白1开始自暴自弃，"水平线效果"出现之后，因为着手本身是
损棋，对方应对之后，自我评估自然会越来越低。在加藤英树眼里，白1开始到
投降为止，DeepZenGo的胜率直线下降，已进入无可挽回的模式。

人们讨论投降时的局面，是以DeepZenGo正常发挥为前提，事实上，要
是不投降，自暴自弃的DeepZenGo恐怕还是继续演出"水平线效果"，而且
越来越严重。可以说加藤先生的用心是"知道小孩子要开始大吵大闹了，先把
他带出房间，以免吵到别人"。问题是，全世界都在观看这场比赛，而看得见
DeepZenGo评估的人只有加藤，绝大多数的观战者宁愿看DeepZenGo大败，
也不愿对局不明不白地收场。

日后，加藤英树说："因为在第一局DeepZenGo投降之前，出现好几次

'水平线效果'，让我觉得投降太慢了，以至于第三局反应过快。"

我从七八年前就开始观看无数的计算机对局，对于"水平线效果"，觉得实在稀松平常，但不习惯而且认为那样是"玷污棋谱"的人，现实中还不算少数。围棋AI是作者的作品，还是社会共有的财产？经过这次对弈以后，会慢慢得到共识吧。

（二）DeepZenGo参加世界围棋锦标赛WGC

2017年3月17～18日，DeepZenGo在东京调布国立电气通信大学（UEC）参加UEC杯，此项比赛是世界计算机互比之中最有地位的比赛。这个比赛原来只是围棋软件的作者或团队间的研究性活动，但2017年对上中国腾讯集团的软件绝艺引来各国绝大关注，结果DeepZenGo对绝艺二连败，"强度世界第二"的围棋AI头衔，只好让给绝艺。这两局容后在绝艺的单

中国排名第二的芈昱廷在大阪WGC接受媒体访问（王铭琬摄影）

获得2017年大阪WGC冠军的韩国代表、世界排名第二的朴廷桓（王铭琬摄影）

元里一起介绍。

随后在大阪举行3月21日至24日的"世界围棋锦标赛"，学棒球经典赛简称为WGC，这个比赛是2017年因应围棋AI的进化才开始举办的，由日、中、韩代表与围棋AI代表各一，进行连下三天的四者循环赛。最初邀请AlphaGo参加，遭拒绝后，改请日本的DeepZenGo。

这是史上头一遭顶尖人机混合赛。由前述的DeepZenGo与日本的六冠王井山裕太、中国代表芈昱廷、韩国王牌朴廷桓进行四者循环赛。这个比赛也吸引大批媒体热烈报道。本来DeepZenGo被认为也有夺冠的机会，但因之前的UEC杯表现不理想，和顶尖棋手的"三连战"令人既期待又担心。

WGC系以三井集团为主的日本关西企业界促成，冠军奖金三千万日元，称得上是重量级的世界赛。日本代表井山裕太，几乎囊括了日本围棋界所有头衔，是日本地位不动的"第一人"，但因国内赛程紧密，一直不容易参加世界赛；不过井山的家在大阪，所以这个比赛让他可以放手一搏。而AlphaGo不参加也在意料中，第一届WGC可说是为了井山与DeepZenGo打造的比赛。

然而对中、韩而言，这次三国顶尖高手与AI之战更是话题十足，出动了数量惊人的媒体。中国排名第二的芈昱廷与韩国代表、世界第二的朴廷桓也在备受母国关注的情形下参加此赛。

第一天　DeepZenGo对芈昱廷——细微局面不会点空

第一天的对手，是前一天的晚会抽签时才决定的，芈昱廷是现在上升势头最强的中国棋手，当然，这个世界顶尖大赛的对手，一定是最不好对付的。

精彩片段一：四线肩已成常识

如图2-37所示，DeepZenGo持白棋，对于黑1，DeepZenGo白2四线肩，要是以前AlphaGo在下的话，必会引起一阵欢呼，但现在看起来这手棋还挺平凡的，尤其这个局面，白棋能否在A位扳是重要的问题，白2一边限制黑棋版图扩大，一边瞄准A位的反击，在这个局面可谓标准答案，因为白2非常适切，将来黑1下在五线的B，都有列入选项的可能。

如图2-38所示，白7为止是肩冲后的标准进行，此后白棋等了一阵子之后得以白17扳出，虽说并非这样就能断言白棋占优势，但白棋占行棋顺畅，

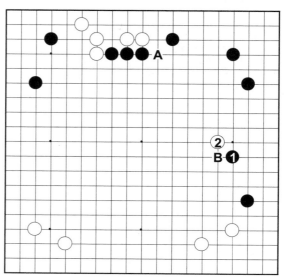

图 2-37

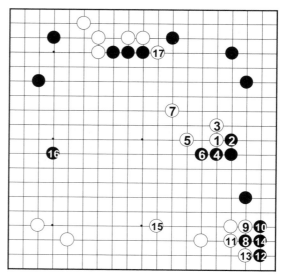

图 2-38

让人感觉握有主动权。

**精彩片段二：破眼功
身影仍在**

如图2-39所示，黑1攻
白棋时，白2从这个方向反
击，出人意料。一般想法
是，从上边延伸到中央的黑
棋块坚固无比，白棋应尽量
避开，白2先往A方面安顿
自己，将来从B方面发展势
力，这是比较普通的想法。
白2、4、6从狭窄处硬钻，
唯一的好处是破取黑棋眼
位，DeepZenGo的破眼功
经过深层学习的洗礼，能够
浮出水面，令人欣慰。

如图2-40所示，实战
中白2、4活净，留有A、B
两个大棋，黑棋虽拿到先
手，大块还没眼位，不能太
为所欲为，不过形势谁好谁
坏，实在很难判断。

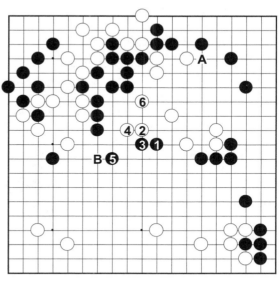

图 2-39

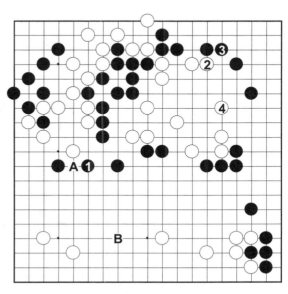

图 2-40

精彩片段三：Deep-ZenGo算地也是"老花眼"

围棋进行到最后双方确定疆界的时段，叫作"官子"，虽不容易有大变动，但若是差距很小的局面，就会成为胜负关键，这盘棋一直形势不明，至图2-41，DeepZenGo赢半目的可能性很高，黑1时白2叫吃，让人不禁掩目，白2是净损1目的失着，本来可以赢半目的棋就会变输半目了。

白2凸显了两个问题：一个是算不清这个部位的手段；另一个是觉得这么下自己还是赢的。

如图2-42所示，白1应该从这边挤，黑2若不理，白3可以从这边扑进去后，白7为止把黑棋吃掉，图2-41的白2让白棋失去这个手

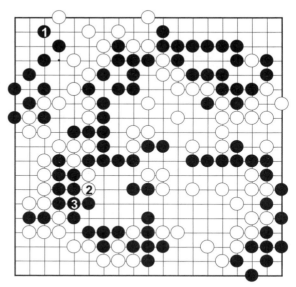

图 2-41

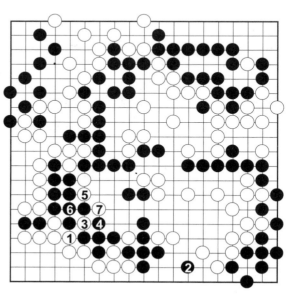

图 2-42

76

段，损失了黑2必须补在黑地里这一目棋。这盘棋DeepZenGo还一直都觉得自己会赢半目，到最后才发现已经输了。

上次对赵治勋的比赛，DeepZenGo对死活判断的"老花眼"露馅，这次则是在算地时出错，呈现另类的"老花眼"。

精彩片段四：加藤英树的不在场证明

图2-43是DeepZenGo投降前的经过，白1、3、5是无意义的叫吃，白13则是人类忌讳的"后手死"，是典型的"水平线效果"的棋谱，这样的棋谱并不精彩，不过这是加藤英树最明显的"不在场证明"，因为上次比赛，加藤被认为投降太快，这次主办单位不让他担任摆棋子的工作了，当然，他本人仍在当地的观战室观看。

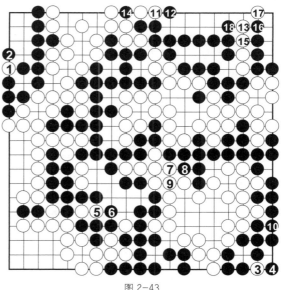

图 2-43

局后，加藤也不提"水平线效果"的事，看起来他是有点要放下"不让DeepZenGo出现'水平线效果'"的执着了。

第一天，井山对朴廷桓，后盘遭逆转，与DeepZenGo双双失利，日本围棋后盘软弱，没想到日本制AI也是这样。不过开赛前，大家对DeepZenGo的实力原有怀疑，第一回合让人不得不承认，它的确是一个值得登上这个舞台的对手。

第二天 DeepZenGo 对朴廷桓——打劫处理功亏一篑

精彩片段一：李世石目瞪口呆

如图2-44所示，Deep-ZenGo执白棋。黑1拆时，白棋立刻白2碰，往对方现在下的一手一头撞过去，让在韩国做直播讲解的李世石目瞪口呆了一阵子，这是人类至今不会列入考虑的一着棋。朴廷桓表示：黑1时自己觉得还可以，可是看到白2，才惊觉黑棋形势已经不好。为了打开局面，施出黑7夹的非常手段，白10拐后还有A位的反击，白棋在左边的战斗反而占了上风。

如图2-45所示，白1时，黑棋不在A位夹而下出黑2压，是正常下法，到黑8为止，以看棋人的角度来说，不觉得黑

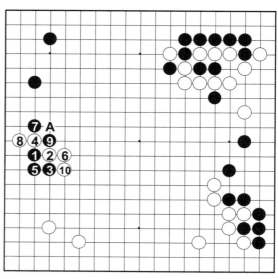

图 2-44

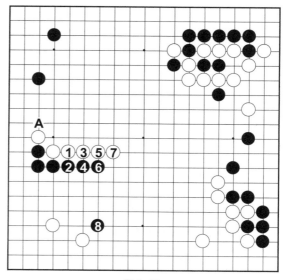

图 2-45

棋有问题，因为右上白棋厚实，局面最重要的空间应是下边，此图黑棋顺利进入下边，要是这样不行，只能说本来的形势就不好。

这个图是谁都马上可以在脑海里浮现的下法，但对局者的神经是最敏锐的，朴廷桓一定有他的理由，觉得本图不可行，才丢出图2-44的变化球。

我虽不赞成图2-44中白2的手法，不过这手让对方感觉到最大的压力，也得到了最好的结果。

精彩片段二：DeepZenGo的如意算盘

如图2-46所示，面对世界第二的朴廷桓，DeepZenGo序盘形势大优，中盘后一点点被赶上，但AI本来就有少赢就好的倾向，实战中黑1提"劫"

（黑1提白A后，局部棋形是白棋再下A位的话，又能将黑1提取"劫"是如此处双方可以互提的棋形之称，因双方一直互提的话，棋局无法结束，所以规定"现在被提的地方不能立刻回提"），白棋虽领先无几，还有制胜的途径，但DeepZenGo白2扳；这不太像是通往胜利的选项。

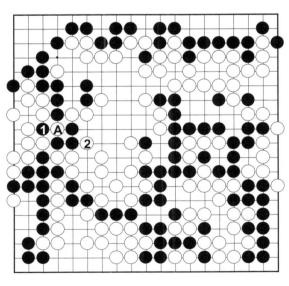

图2-46

如图2-47所示，Deep-ZenGo大概这样算：让黑2粘回黑A、B、C三子，白3收官即可。但这是如意算盘，因为白1让黑三子价值变小，那黑棋就更不会下黑2花一手救回三子了。

如图2-48所示，对于白1，朴廷桓黑2从里面打，是回天妙手！DeepZenGo说不定漏算了这一着。黑4、6、8后，白棋无法吃掉这三颗黑子，形势极度微妙，但DeepZenGo已经迷失了胜利途径，开始着急下白9断，又算错了！实战被黑10粘的手段，终于逆转。

如图2-49所示，对于黑1，白2这步最为简明，黑子虽会稍做抵抗，总得黑3粘，白棋再以白4封住，这样下的话就没问题了，但看

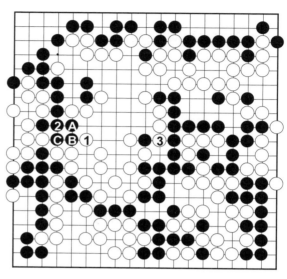

图 2-47

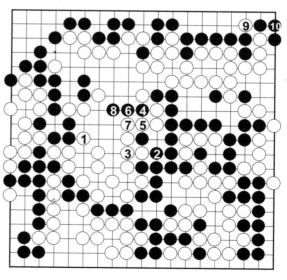

图 2-48

起来DeepZenGo对"劫"的处理还不是那么灵光。

精彩片段三：复合症状

这盘棋到最后，DeepZenGo出现死活误判与"水平线效果"的复合症状，如图2-50所示，白1、3、5三手连续后手死，气得讲解的赵治勋在讲解台上折弯了讲解棒。

因为DeepZenGo搞不清楚白A至F六子是死还是活，只好白1、3、5拖延时间。加藤英树说："黑棋要吃白棋六子，需要从棋盘的另一边，最右上的黑G下手，因为距离太远，以DeepZenGo现在的能力是无法辨认的。"

虽和此图情形不同，围棋AI的价值网络因为不善于辨认死活，现在还存

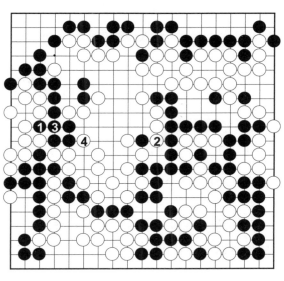

图 2-49

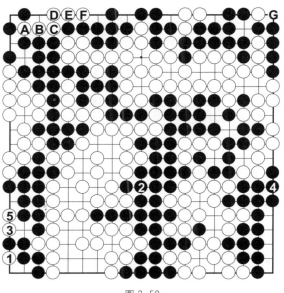

图 2-50

在棋块太大时，误以为已经活了而被吃的问题。在某些特定情形中，对人类来说轻而易举的事，AI反而做不到。

第二天，DeepZenGo又在最后出错，而井山对芈昱廷也与前日如出一辙，后盘惨遭逆转。井山与DeepZenGo双双两连败，让主办单位与日本棋迷仰天叹息。

日本六冠的井山裕太在2017年3月的WGC上接受记者访问，叙述与围棋AI首次对局的感想（王铭琬摄影）

第三天　DeepZenGo对井山持黑——终于战胜世界一流

日本的棋手与软件在最后一天争第三、第四名，有点尴尬，日本棋迷有人质疑赛程：为何不让DeepZenGo与井山先下？其实井山在赛前自己说，他与围棋AI对局经验不足，希望不要抽到第一天，才能参考别人下法。抽到第三天，他本人反而满意。比赛原本就是输了就会变得什么都不是。

精彩片段一：被吃还是弃子

如图2-51所示，Deep-ZenGo执黑棋，开局不久，黑1后我想大概黑棋会往A位退，不料黑3立！害我揉了几次眼睛，虽说不下黑3，黑B一子会被提掉，但黑3逃

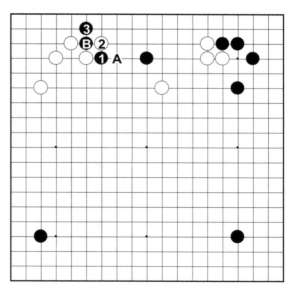

图2-51

出，也只是和B子死在一起而已，我好一阵子都还在怀疑，是否棋子摆错或转播输入错误。

如图2-52所示，上边战斗结果，黑棋虽因弃黑A、B、6、8四子免于受攻，但白棋也顺势渡过上边。我想普通棋手都会觉得黑棋是吃大亏了，可是DeepZenGo的评估并不悲观，现在想起来，我对黑棋的厚势评价过低，但DeepZenGo也未免太乐观了吧。

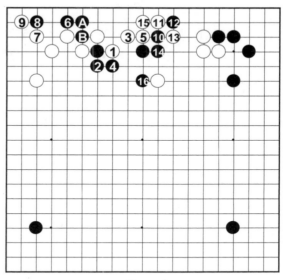

图 2-52

精彩片段二：Deep-ZenGo终于得以发挥

如图2-53所示，白1虽对下边弱块加补一手，DeepZenGo还是不肯放过，黑2、4是得手的攻击手法，以下展开了这次比赛中最凌厉的攻势。

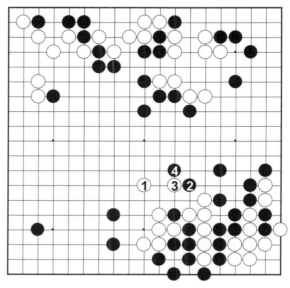

图 2-53

如图2-54所示，白1、白3做眼时，黑4、6厉害，一般情况，这个下法被白棋从A位冲出的话会吃大亏，但这个局面上边有黑棋厚势埋伏，白棋若下A位，黑B撞，白棋虽然大块反而完全没有眼位。

所以，如图2-55所示，白1撞无可奈何，以下白5为止，DeepZenGo把白棋逼成一小团，黑6抢到最后要点，也夺得优势。这局棋到最后黑棋都没出错，终于第一次打败了当今一流棋手。

赛后加藤英树透露：他们从WGC开始使用新版本，果然与之前的UEC杯表现判若两"机"。DeepZenGo的表现就棋力本身，与世界顶尖三人相

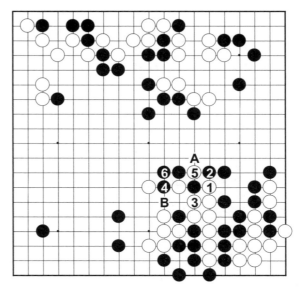

图 2-54

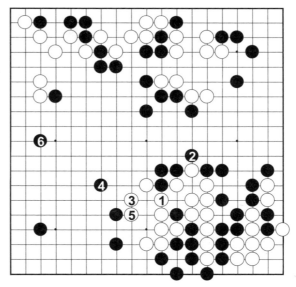

图 2-55

比没有逊色，很踏实又有明显进步。但细部有待加强的地方还很多，虽说都算可以解决的问题，并不是那么简单就能改善，需要整体的规划。

虽说如此，DeepZenGo面对世界一流棋手，三局都获得优势，证明了这个比赛的意义，而各国媒体的瞩目对主办单位而言，是很大的鼓励，2018年要续办此项比赛应该不成问题。

（三）电圣战

在大阪WGC两天后的3月26日，DeepZenGo又在东京出场"电圣战"。电圣战是UEC杯的冠亚军对日本棋院棋手各下一盘的比赛，以往为了测试计算机棋力，由大师级棋手出来下指导棋，今年虽改为平手对局，但对手是DeepZenGo与绝艺，棋手要赢一盘都很拼，可以说是情势大逆转，反成为测试人类抵抗力的对局。

日本派出实力仅次于井山的一力辽，面对冠军绝艺与亚军DeepZenGo，他赛前刻意与绝艺在围棋网站练习，并参加UEC研究会学习软件机制，做了最完善的准备。就算没比赛，研究AI下法也将是所有职业棋手的基本课题。

顺便介绍一下一力辽，他今年19岁，是日本东北地方大报《河北新报》的继承人，只要乖乖地读读书，报社社长宝座就等着他坐，可是他偏偏只想当最强的棋手。

一力辽对围棋的执着与热爱让他在日本棋坛

日本东北地区最大报社少东一力辽，实力仅次于井山，但在2017年3月电圣战中，终究未能打败围棋AI（王铭琬摄影）

快速升级，现在已是对井山最具威胁的棋手。然而，《河北新报》老板爸爸还是想拉他回去，一力辽还年轻，将来回头经营报社也不无可能。

精彩片段一：明朗判断

DeepZenGo对上一力辽，这盘棋是考虑时间三十分后一手三十秒，快棋性的对局。DeepZenGo执白棋。

如图2-56所示，开局不久，DeepZenGo打入黑棋的势力范围，选择被攻击方，显示它可攻可守，白3时黑A跳，我觉得黑棋并无不满，但一力嫌黑A不够紧凑，采取更激烈的黑4。

如图2-57所示，Deep-ZenGo对于黑1置之不理，白2、4吃掉左边形成转换，左下角星位A一子被吃也很

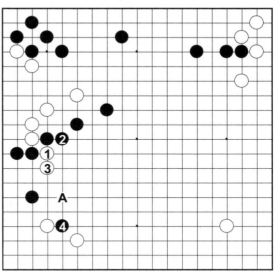

图 2-56

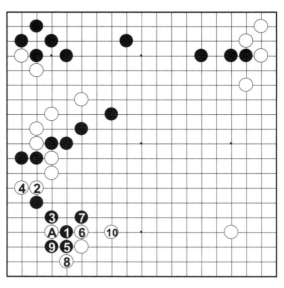

图 2-57

大，对人类而言，这样的变化本身不难，但对结果的判断很不容易，实战中白6、白8被冲断以后还能顽强抵抗，白10为止黑棋缺乏亮点，白棋成功地稳住了局面。

精彩片段二：争先抢三线肩

如图2-58所示，黑1挖白2、4令一力意外。一般常识是，这个下法对白棋不好。

如图2-59所示，黑4为止，白A的星位又被吃了，接着左下角白棋星位，白棋一开始下的两着棋都被吃掉了！原来这个局面，DeepZenGo认为上边白13肩非常重要，白棋舍弃星位一子，一切都是为了脱先到这一着棋，而一力对这

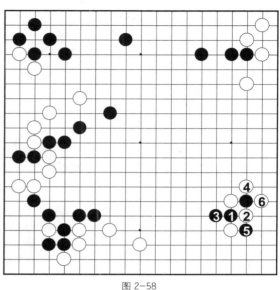

图 2-58

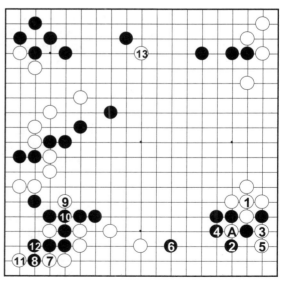

图 2-59

一着棋并没戒心。下到白13，DeepZenGo的胜率跳增3％。

精彩片段三：左右逢源

如图2-60所示，形势稍不利的黑棋以黑1、3做最严厉的攻击，我本来觉得白棋形势不错，白2不粘，上边弃掉也可，看到黑3，觉得白棋也没这么好办，但白棋已有准备：白4是胸有成竹的一手，黑5为必争之点，

如图2-61所示，白1、3的冲断是左右逢源、恰恰好的手段，黑棋只好以黑4应，以下白11为止干净渡过，黑棋已无胜机，这盘是DeepZenGo出道以来下得最漂亮的一局，此后对任何人类应该都有胜机。

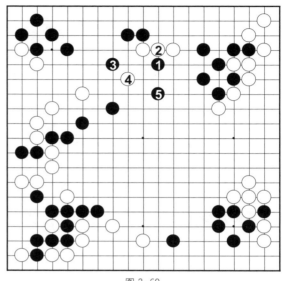

图2-60

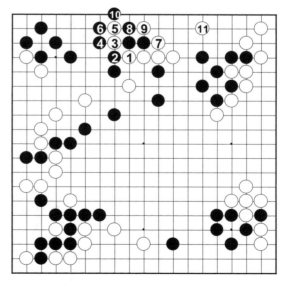

图2-61

DeepZenGo自2016年11月对赵治勋后，可说屡败屡战，且又屡出纰漏，但看了这一盘，我觉得它终于熬出头了，但这只是一个开头，此后必须追赶绝艺等，漫漫长路才刚开始。

二、AlphaGo 升级版 Master 的恶作剧

2016年年底至2017年年初，"Master的恶作剧"让世界过了一个热闹的"猜谜新年"。

2016年12月29日，韩国围棋对局网站TYGEM出现新账号Magister，它连战连胜，而且对手都是网名已被辨识出来的中、韩一流职业棋手。超过十连胜时，世界开始注意起这个现象，而Magister也总不输，31日为止达成三十连胜，全球开始在猜"它是谁"？

新年元旦后，Magister改名Master（此后都称Master），转战中国网站"野狐"，中韩顶尖棋手倾巢而出打车轮战，无一不铩羽而归。而中国棋友看到自己喜欢的棋手对蒙面怪人束手无策，气得呼天抢地，哀嚎遍野。

因一度传闻Google否认Master是AlphaGo，世界对Master的真面目之好奇达到顶点，日本与中国台湾棋手对"谜样网络围棋高手"的战果，都成了头条新闻，甚至出现了猜Master是"棋灵王"藤原佐为的说法，也获得广泛支持。

2017年1月4日，Master达成六十连胜之后，Google出面承认Master是AlphaGo的升级版，而这次是升级版的测试活动，全球猜谜活动才算落幕。

中国是现在公认的围棋最强国，李世石战败后，还不乏有人认为，要是中国棋手就不会输，Master登场之后，这么想的人就很少了。网络对局主要是

三十秒一手的快棋，人类的确比较难以发挥，但六十连胜这个数字不是赛制可以说明的。

2017年5月AlphaGo对柯洁的三番棋，虽说柯洁不是没有机会获胜，但人机对战已经从李世石时的全面对决，转进成互相研究的氛围，不再只是被看成AI与人类决胜负而已，我觉得这是很好的发展方向。

Master是AlphaGo的升级版，当然也继承了AlphaGo的优点，包括正确的形势判断等。以下只介绍Master让人觉得有别于AlphaGo的对战场面，观察它有什么改变，到底升级了什么？

（一）陈耀烨战Master白棋——老牌定式恐成历史遗物

如图2-62所示，白1立后，3、5连爬两手，是Master的新手。白3、5这种手法，日语称为"后面推车"，被认为是对全局有不良影响的下法。白5这一步，若职业棋手大多下A或B位。可能是对下一手的重要性已有定见，不在乎局部的棋形，这种抢先手的下法也是围棋AI的特征。

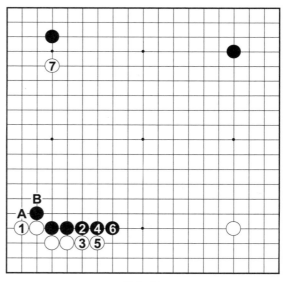

图2-62

如图2-63所示，黑1夹击是名为"妖刀"的古老常见手法，李世石对AlphaGo第一局就出现过，对此白2以下，至黑7为止是必修课，因为适合黑1的局面，很多常成为布局构想的主轴。

如图2-64所示，黑1后的手顺是白棋在B位扳，但Master白2、4冲出，又是新手！和左下角不同的是，这个新手对人影响更大，左下白棋的下法只是脱先手段，但白2、4带来新看法，影响此后职业棋的布局。至Master为止，白2、4让A子完全孤立，回头还会被黑5断，被认为是不利于白棋的下法。

很久以前，林海峰老师在重要比赛中下过白2、

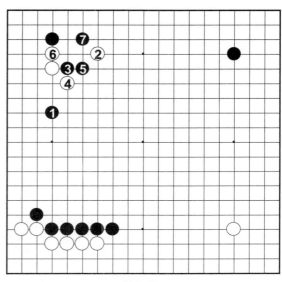

图2-63

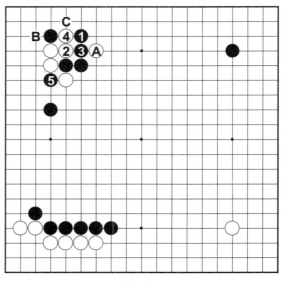

图2-64

4这样的棋形，因为结果输了，"白棋不利"的判断成为定论。

　　要是没有成见，白2、4是普通人最想下的手段，不知道定论前，这样下过的人必大有人在，其实Master在六十局中，下了好几次白2、4，这盘棋不是第一次，左下角也是一样。陈耀烨知道Master会这样下，故意诱导成这个局面，黑5断后，上边左边的黑棋势力宽广，陈耀烨认为这样的局面黑棋可以下，这盘棋之前的人类棋手是先在C位挡，单下黑5断，一定是陈耀烨漏夜研究的结果。

　　如图2-65所示，实战至白5止，"一点不差"是陈耀烨的构思，但此后因无法夺取优势而败下阵来，其后这个变化在职业棋赛中多次被尝试，虽还没达成定论，但很明显下妖刀的人变少了！这个新手是自己捞地给对方中央厚势的下法，可以看得出Master对中央价值的评估并不过高。

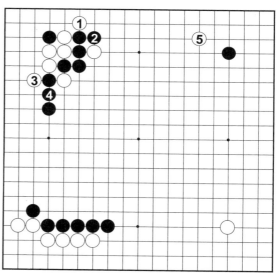

图 2-65

（二）申真谞战Master

黑棋 —— Master觑，
AlphaGo也傻眼

如图2-66所示，黑1觑
也是Master惊动棋坛的一
着，这手棋震撼的程度尤
过于"阿尔法觑"，"阿尔法
觑"在其部位暂时没有别的
手段，只是时机的问题，但
这盘棋左上角至此被认为，
相反方向的A位觑是弱点之
一，"Master觑"舍弃此
一可能性，反其道而行。

要找"Master觑"的
好处不是没有，如图2-67
所示，白1后黑2飞白3应，
都是大棋，要是真能成为
此图，黑A的"Master
觑"与白1反而占黑棋便
宜，但因黑A后白3价值变
小，所以白棋不会以白3
应，黑2也无法先手下到。

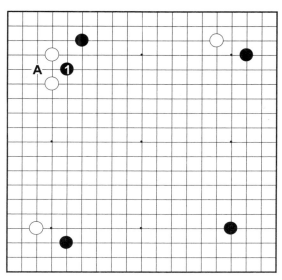

图 2-66

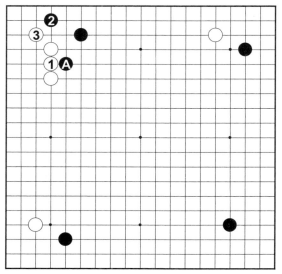

图 2-67

不过这意味着，要是棋局演变成对黑1，白棋必须应，会让白棋非常难过。

如图2-68所示，左上角白1应三三，也可暂时撑住，但黑棋本来就准备往黑2方面夹击右上角，白棋让自己产生A、B等弱点，不利于此后战斗。

"Master觑"还有一个重要理由，是这个局面黑棋要扩大右边势力，左下角本来就想如图2-69所示，黑1以下压扁白棋。左边A、B、C等从下面挖起的手段，Master原本就没有看在眼里，因此黑D与白E下掉并不足惜。

当然，这些理由大家都知道，那为何至今没人下"Master觑"呢？

俗话说"上有政策，

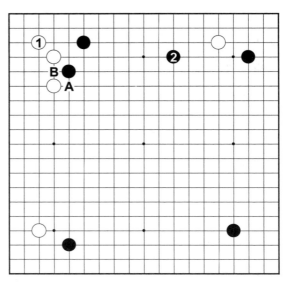

图 2-68

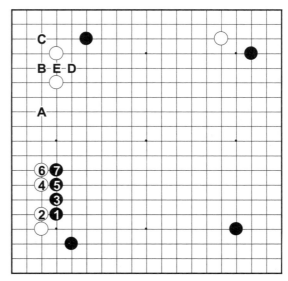

图 2-69

下有对策"，当你锁定一个战略，开始投资，对方就会破坏你的构想，让你血本无归。围棋是全方位都有意义的游戏，这个局面，棋局才刚开始，对手转圜的余地太大了，做"Master觑"式的投资，就像猜拳先出一样，是不聪明的下法，这是至今围棋的标准理论。

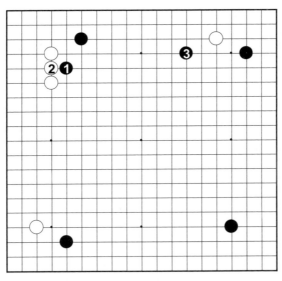

图 2-70

其实我并不认同标准理论，我长年主张"第一轮攻击有利"的说法，也身体力行，不过棋力不够，没有明显成绩，也没人理我那一套。如图2-70所示，黑1后黑3夹击，用"就算稍微吃亏也要掌握第一轮攻击"的想法去看，也还行得通。

（三）昱廷战Master白棋——"大雪崩"是AlphaGo的"鬼门关"

如图2-71所示，黑1至白8，是吴清源老师开发的定式，因为棋形像是山坡积雪，被命名为"大雪崩定式"，这个定式变化复杂，到现在也还有新下法出现。

如图2-72所示，左上角虽然黑白相反，仍是"大雪崩定式"，白7、白9是Master的新手，围棋AI并非特别爱下新手，只是顺应局面的需要而已。

如图2-73所示，这个局面白1长，以下到白9为止是标准定式，但现在右上角黑A硬头指向白棋势力范围，白棋全局配置不好，不只AI，人类也不想选这

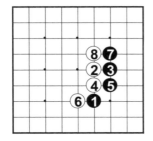

图 2-71

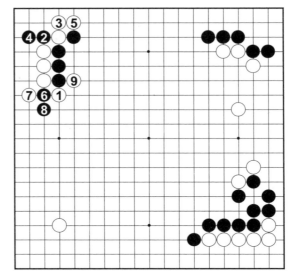

图 2-72

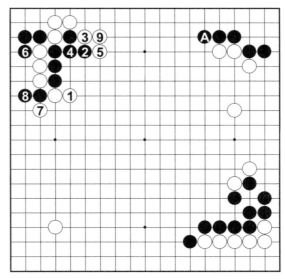

图 2-73

一图。

如图2-74所示，白5以下总共在二线爬了五手，二线爬因为爬一次只多一目，与对方的外势相比，损失太大，"不能二路爬"是刚学棋时马上就会被叮嘱的铁律，实战为了吃掉角上的黑子，白棋也没有其他方法。白17为了吃净还要再爬一次，黑18为止形势不明。这样看来，Master的新手还算成功，其实黑棋在这个过程中，错失一个很大的机会。

如图2-75所示，白1时，黑2是不能错过的一手，白7为止，白棋无可奈何。

如图2-76所示，黑1提后，再黑3长，这个图黑棋占优势，图2-75白1

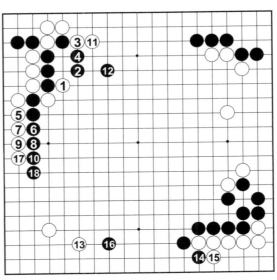

图 2-74

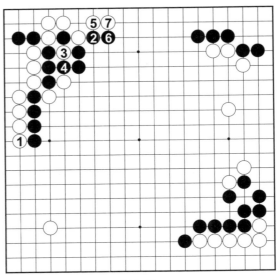

图 2-75

时，大概是Master六十
局里面形势最坏的瞬间，
AlphaGo对樊麾的公开
棋谱里，也有下错"大雪
崩定式"的例子，看来"大
雪崩"是AlphaGo的"鬼
门关"，不接近为妙。

（四）朴廷桓战
Master黑棋——考验人类
的判断力

如图2-77所示，对于
白1夹，黑2、4是Master
爱用的手法，朴廷桓有备
而白7贴，黑棋不好下。
那几天大家拼命研究
Master，世界一流棋手
大概从来没有那么团结
过，外星人来袭让人类大
团结的好莱坞老套设定，
还是有它的道理的。

如图2-78所示，实战

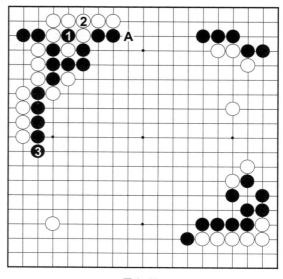

图 2-76

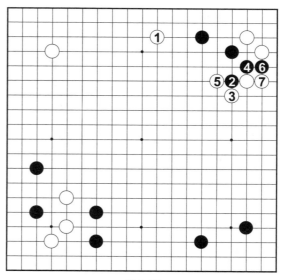

图 2-77

下到白8，我以为黑棋会
在A位断，虽然不觉得这
个结果对黑棋好，但那几
天Master就是这样赢过
来的。

结果如图2-79所示，
Master的选择是黑1以下
连爬五手做活，比对芈昱
廷时还多爬一手。芈昱廷
那场是为了先手吃掉对
方，但这盘棋只为自己求
活而已。

这个下法大概连对手
朴廷桓都没有料到。当
然，黑1以下的手段不用一
秒钟就知道，一切还是判
断的问题，一般棋手在共
同讨论棋局时碰到此图，
很容易取得"黑棋不好"
的共识，而Master是认为
与其黑A、B二子被吃，还
是拖出来比较好。

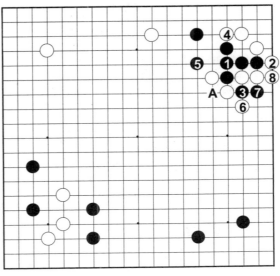

图 2-78

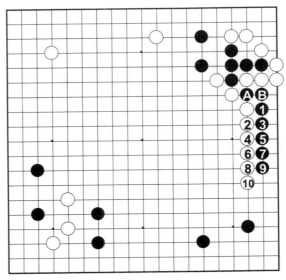

图 2-79

如图2-80所示，实战
到下黑10为止，黑棋在右
边被压迫成只有A、B、
C、D四目地，黑棋虽有让
白3补活的亮点，只看右边
会觉得黑棋吃亏，但从全局
来看，实在无法断定是哪边
优势。

这局和芈昱廷一战来
比较，两局都是中盘过了
还形势不明，是让Master
赢得最"累"的两盘。

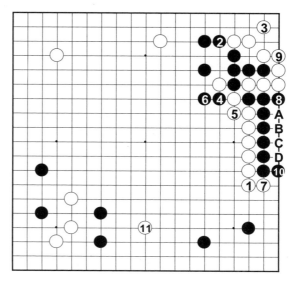

图 2-80

（五）金志锡战Master
黑棋——挑战人类基本
感觉

六十局里人类至今还无
法消化的，是黑1的三三，
如图2-81所示。这个局面黑
1进角，至今被认为是太偏
于棋盘下方。围棋若是附近
有其他棋子，意义会改变，
什么手段都有可能，黑1的

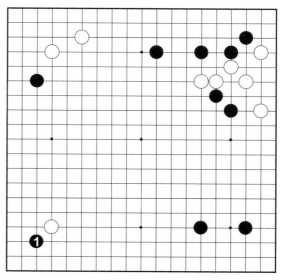

图 2-81

震撼是其他棋子都离得太远，要是这手是好棋，职业棋手只好重新思考自己的下法。

围棋因为四角部分比较容易确保，一般开局都是从角开始，如图2-82所示。黑1下在三线与四线的地方叫"小目"，是自古被认为最保险的下法，但Master常白2碰过来，意味有时三线太偏下方。

我喜欢下左下角白棋，双边都是四线的"星位"比较没有被压扁的顾虑，但这局Master像在说："下那么高，那我就从下面把你抬起来。"

Master的其他下法让人类棋手调整布局构思，而这个下法则让人连第一手都不能随便下。

如前述"Master飙"，直接进三三也有它的好处，如图2-83所示，要是黑棋先下黑1，等位置再进三三的话，白棋有白6、8连扳的手段，白14为止，

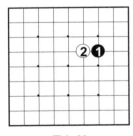

图 2-82

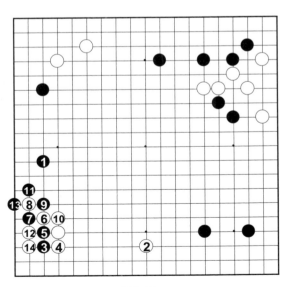

图 2-83

101

黑1过于接近直接，直接进三三最大的目的是避免这个连扳。

如图2-84所示，实战此后黑6为止，先手捞地后下黑8、10安顿自己，使白棋左下厚势无法发挥。

如图2-85所示，实战黑14为止反而有"攻墙"的味道，白棋不信邪下白15拆，立刻被黑16打入，此后白A至E、至11的白墙真的遭受凌虐。

我认为这一局白棋本来不用受攻，如图2-86所示。前图白7不用下，如此图白2先占下边大场如何？对黑3，白4应，左上白棋比黑棋强不会受攻。

我认为这一局的情形，三三并不可怕，但在其后的世界赛中，韩国"贵公子"

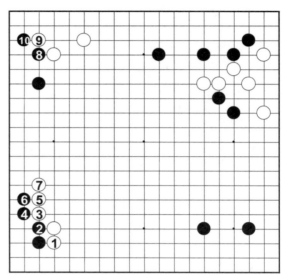

图 2-84

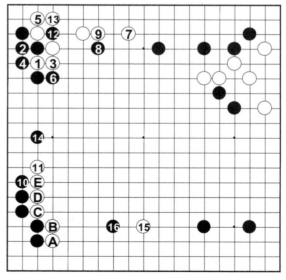

图 2-85

102

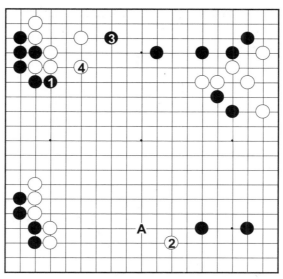

图 2-86

朴永训在更适切的局面进三三获胜，"直接三三"成为必须警戒的下法。

（六）古力战Master

白棋——华丽手筋华丽收场

如同日本NHK红白歌合战的最后一棒都由巨星歌手来担纲拿麦克风一样，六十局的最后一局由古力担任。

这局我实时观战。如图2-87所示，白1出头，到黑2时我只想着，白棋如何引

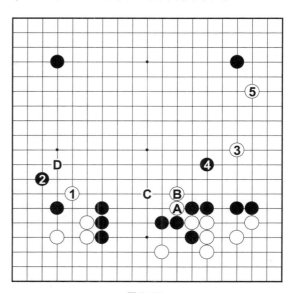

图 2-87

出A、B两个白子与黑棋战斗，不料白3、5先占边，摆出中央可战可弃的态度。

如图2-88所示，古力黑1镇后黑5，7冲断，黑棋外势浩大，我的视线也随之移至左边，考虑如何削减黑棋地盘，但Master不慌不忙，白10加补一手。当然，白10很重要，但若没有精准的形势判断，很难下得这么从容。

如图2-89所示，棋局进行到此，快要大局确定，黑1挂，要是黑棋这样就能围住中央，应该可以赢。中央虽说撑得很勉强，骤然看不出有什么手段，我想说不定最后一局终于"来了"！

结果如图2-90所示，Master白1、3后，施出白5、7的撒手铜，黑空破洞。

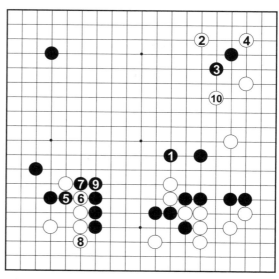

图 2-88

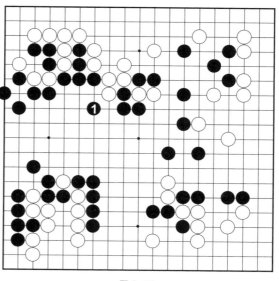

图 2-89

白7是只此一着、别无他途的妙手，但开发DeepZenGo的加藤英树说，因为白7是棋筋，经过深层学习的AI是会优先计算的，白7的妙处说明起来会过于深入，恕我略过。

如图2-91所示，实战中白棋先手破地后白10碰，这个碰又能使黑地大幅削减，这样看来，序盘Master舍弃中央的判断和这个手段也有关联。最后一关也告失守，让Master达成完全比赛，Master来匆匆去匆匆，只留给职业棋手一大堆习题。

AlphaGo带给职业棋手技术上的启示是"自己是否低估了棋盘中央的价值？"，但上述介绍的几盘Master的对局，让人觉得

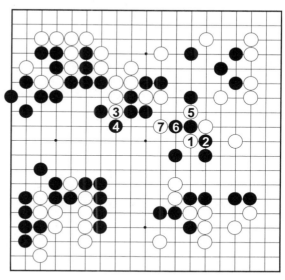

图2-90

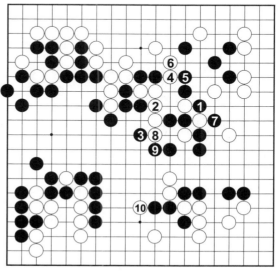

图2-91

"角与边的价值比想象中的还大"。和AlphaGo恰恰相反，虽然Master的等级分较AlphaGo有大幅提升，但它给人的印象是随意出招的"小顽童"，要全面理解Master的下法比理解AlphaGo更加困难。

在日本，指导高尔夫球迷时有一个说法，那就是"学习挥竿姿势，要尽量以女子职业选手为范本"，因为男子职业球员的体力远过于一般人，不自量力地学他们挥竿，不搞坏身体也会让球技后退。

AlphaGo的棋谱合情合理，一点都不勉强，足以作为职业棋手模板，但Master下得太"神"，要学它的下法还是小心为妙。

有一位专家说：AI在国际象棋领域是局部的手段比较厉害，但围棋则是全局的战略优于人类，因为战略是庞大的学习与计算的产物，人类无法学习AI的战略，但局部手段则有可能学习，还用芈昱廷、朴廷桓那两盘二路一直爬的手段举例，意思是说这种手段人类不喜欢，但有时值得效法。

这个分析的前半段，我比较同意，但后半段要打一个问号。二路爬的手法不用Master大师教，大家都会下，而要不要下，取决于对全局的战略判断，战略学不来的话，只学二路爬的战术就会更糟糕，将来AlphaGo再度升级时，会不会照样二路爬也不得而知。

围棋的战略与战术是无法分割的，其他的领域应该多少也是这样，不过以围棋而言，战略与战术相辅相成的现象非常明显。

AlphaGo下法飘逸，在它面前人类也能有所发挥，Master则让人感觉是掐着对手的脖子走，因为局部手段的战术变强了，让它的战略有时显得咄咄逼人。这是我的解读。

三、腾讯 AI 第一声——绝艺

绝艺是中国腾讯集团的AI Lab所开发的。AI Lab在2016年4月成立，目的为AI的基础研究及应用。绝艺是AI Lab的第一个开发计划，团队成员十三人，包括队长刘永升在内都不会下棋，这在后AlphaGo时代已经是很平常的事，不过AI Lab负责人姚星先生有业余上段的棋力。

"绝艺"取自杜牧写给当时的围棋国手王逢的《重送绝句》里面的"绝艺如君天下少，闲人似我世间无"。

我在2016年夏秋之际就对腾讯的开发略有耳闻，但那时还不叫"绝艺"，而是别的名字。

听说绝艺的布局很有意思，如图2-92所示，黑1、3后马上肩冲，不像传统下法从四角开始，后来也有职业棋手用这个布局取胜。

腾讯副总裁兼 AI Lab 负责人姚星在 2017 年 UEC 杯上代表绝艺领奖

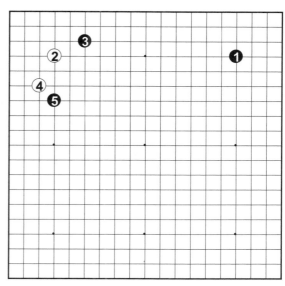

图 2-92

2017 年 3 月 UEC，腾讯"绝艺"操机手（左）跟日本王牌软件 DeepZenGo 作者加藤英树（右）（王铭琬摄影）

绝艺从2016年秋就开始在对局网站"野狐"上测试，顺利进步，到了2017年，确定名字为"绝艺"后，在网上对弈五百盘以上，胜率高达76％，网站里面大多数人是世界一流棋手，因为等级分上升达到升段标准，绝艺成为该网站的第一个十段。

绝艺团队至少还有其他两个强劲版本："刑天"与"骊龙"，它们时而在网上露脸对局，三个软件在网络的成绩相当。有传闻称骊龙是不学习人类棋谱的版本，但我看骊龙的对局并未脱离人类的下法，"不学棋谱"应该只是程度相对于其他软件较轻而已。

（一）2017年UEC杯

绝艺离开网络正式亮相，是在2017年3月日本电气通信大学举办的第十届UEC杯计算机围棋赛上。UEC杯在世界计算机互比赛中最有地位，历史也悠久，但到2016年为止，围棋软件作者、团队间研究、交流的性质很强，而2017年因为绝艺势必与DeepZenGo对决，形成一场具有新闻性的对阵。

这个对阵的水平用等级分来看，已超过人类，就像小镇的角力比赛，忽然变成哥吉拉对莫斯拉。以至今在网络的表现来看，绝艺可能略胜DeepZenGo一筹，日本能否夺冠，只好寄期望于计算机比赛也有主场优势了。

这个比赛的赛制，是首日先打七轮瑞士制循环，决定十六强之后，第二天进行单淘汰赛，两天比赛十几场，因为计算机一点都不会累。历年来第一天总是比较冷清，但2017年整个会场人满为患，不仅日本媒体几乎全到，包括腾讯体育网等中国媒体也群涌而至，热闹无比。

第一天的第七轮，前两强顺利以六连胜碰面，争第二天淘汰赛的顺位，输赢虽无关紧要，但这是史上第一次两个具有顶尖级职业棋手棋力的软件正式对战。

如图2-93所示，绝艺猜到白棋。黑1时，白2问黑棋应手，显示绝艺实力，黑3稍觉委屈，但我也找不到替代方案，白4肩时，白2宛如卡在喉咙的鱼刺，非常讨厌。

如图2-94所示，白棋侵入下边，就看黑棋如何开，打黑1逼是擅长攻击的DeepZenGo的失误，被白6下到攻防急所，黑棋无后继手段，整个攻击能量就消失了。此后黑棋一无是处，在

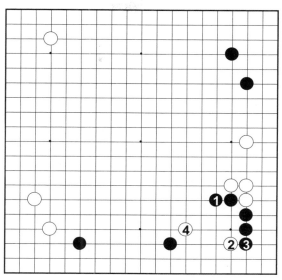

图 2-93

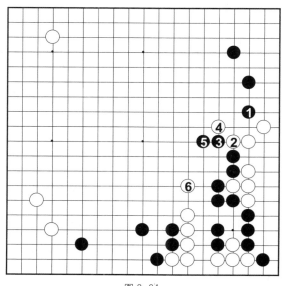

图 2-94

差距逐渐拉大的情形下认输，可谓脆败。

如图2-95所示，黑棋这里应该锁定下边白棋，先在黑1位压，纾解A位的断点，这样应该比实战好得多。

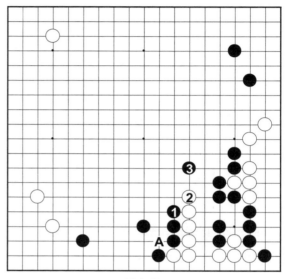

图 2-95

赛前的等级分，绝艺本来就略胜一筹，可是人们希望DeepZenGo利用主场优势上演好戏，加藤英树在赛前答复中国媒体时，说自己是四六开，输面较大，中国媒体还说"加藤先生好谦虚"，但结果让人觉得差距说不定比加藤所说的还大。据绝艺内部人士透露，这次比赛使用的版本是网络测试版的升级版，它的强度"应该不会败给任何人类"。

第二天淘汰赛，因为绝艺与DeepZenGo得到第一、第二种子，顺利在决赛碰面。

加藤英树在 2017 年 UEC 讲解 DeepZenGo 对局

精彩片段一：是柔软身段还是没有骨气

如图2-96所示，白1为止的棋形，在AlphaGo的对局出现多次，黑棋多是在角上应一手，DeepZenGo劈头就夹过去，不改好攻本色。

但如图2-97所示，数手后白1时，黑2、4的手段虽然锐利，但我无法赞成，这是一边捞地，一边支持右下角的转换手法，说得好听是"身段柔软"，说得难听是"前线逃亡"。

如图2-98所示，白13为止，黑A、B、C三子动弹不得，重要的是右下角还没活，要是"薛定谔的猫"是50％死亡的话，这个角是33％死亡。只好这样去解释，因为角没有活，黑

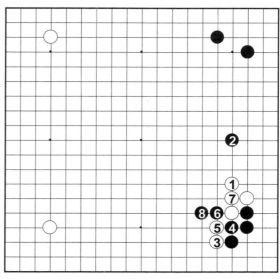

图 2-96

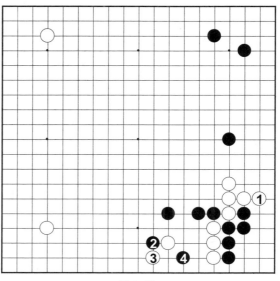

图 2-97

A、B、C三子顺便都送你也不足惜。但这和一开始的主战路线不合，怎么去想，只好各自解读，但双机的评估好像是平分秋色。

精彩片段二：不可思议的漏算

这盘棋的重点本来是绝艺的表现，但绝艺的下法非常平稳踏实，不容易选出精彩片段。比起第一天，DeepZenGo表现得顽强多了，超过一百手双机的内部评估，都还在接近平手的状态。

如图2-99所示，白1时，黑2是不可思议的漏算，被下到白3后，胜率滑落数个百分比，表示对DeepZenGo有意外的事发生。加藤英树解释，因为白3棋形特殊，没被搜索到，

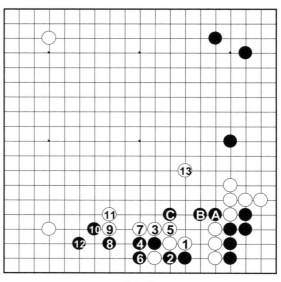

图 2-98

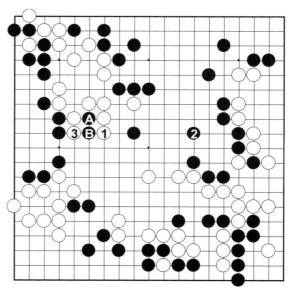

图 2-99

我认为这只好说是深层学习功夫还没到家了。

如图2-100所示，黑2长，这样还是难解局面，比起绝艺的稳定，DeepZenGo实在容易出问题。

精彩片段三：静如处子，动如脱兔

如图2-101所示，绝艺在开始领先以后，黑1时白2、白4反而要在黑地里面出棋，这虽是锐利无比的下法，但也有送子亏损的风险，在稍优的局面下，倘若没有算清楚，是无法施出的手段。事实上，此后局势变化对于人类来说复杂无比，要是绝艺真的有算清此后变化，其实力可说高过对战李世石时的AlphaGo。

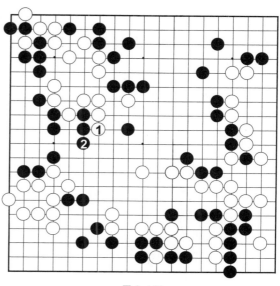

图 2-100

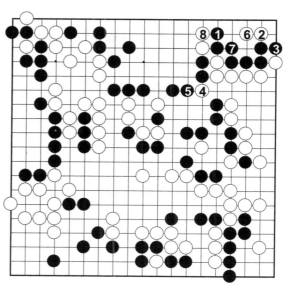

图 2-101

要下到图2-102中的白12，我才能确认黑棋无法吃掉白棋，绝艺一举奠定胜势，右下角白A挡，黑只好劫活，这个手段没有风险，白棋轻松多了，要是人类棋手一定先从右下角下手。

绝艺符合中国预期，拿下了UEC杯，稳扎稳打的表现让人觉得它不过只展现了一部分的力量而已。

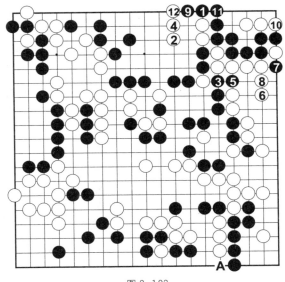

图 2-102

（二）电圣战

电圣战在UEC杯后数日举行，如本书先前介绍，上午由亚军DeepZenGo对一力辽，做一手三十秒的快棋赛，下午是冠军绝艺上场，限时六十分以后一手六十秒。绝艺第一次与一流职业高手正式比赛，吸引了非常多的中国媒体，腾

讯直播的讲评更是由世界
排名第一的柯洁与聂卫平
组成的豪华阵容。

　　如图2-103所示，绝艺
执黑棋，白1为止是最近职
业赛中屡次出现的局面，
绝艺下黑2，虽有棋手下
过，但由于对方上有A位觑
下有B位飞，被认为是半吊
子手法，绝艺采用以后，
人气有回升的可能。

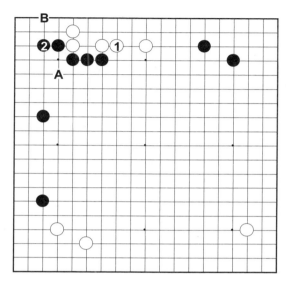

图 2-103

一力辽与 Deep ZenGo 的开发者之一加藤英树在电圣战后
检讨棋局（王铭琬摄影）

精彩片段一：打到棋筋

如图2-104所示，白1封锁，一力自开局表现积极，对此，绝艺针对白棋包围网的缺陷，黑2准备后瞄准棋筋的黑8夹，使白棋棋形变恶。

如图2-105所示，白1无奈，以下黑10为止，黑棋反守为攻，但自己右下大块也有危险，这种棋形对人类而言比较有机会。

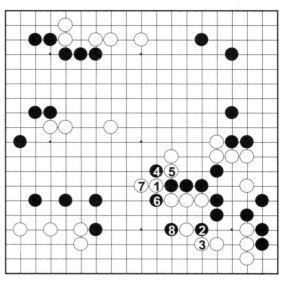

图 2-104

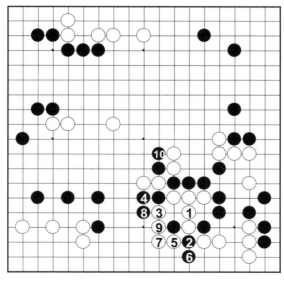

图 2-105

116

精彩片段二：反封白棋

如图2-106所示，黑1、3反将右边白棋封在里面，如同先前白棋的封锁，这个封套也有瑕疵，黑棋并没有那么轻松，白棋白4、白6先慢慢撬开。

一力辽是现在日本棋坛算棋最快、最准的棋手，如图2-107所示，白1至白9的手顺展现了一力的实力，白棋很清楚地突破了黑棋的包围。

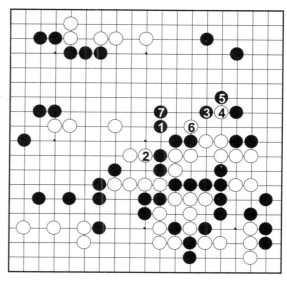

图 2-106

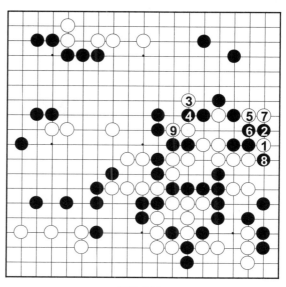

图 2-107

如图2–108所示，白8
为止，黑棋虽提取中央三
子，右边六子被吃，右下大
块也还需做活，看来黑棋好
像失败了？

精彩片段三：漂亮弃子

如图2–109所示，黑
1若下白2位，右下角可以
净活，可是黑棋置右下于
不顾黑1拐，救出黑A、
B、C三子，但白棋下到白
2位，黑D至O的十二子全
被吃掉，局面进入被认为
是围棋AI的弱项"大型攻
杀"，让观众觉得一力辽
也有机会。

但黑棋胸有成竹，如
图2–110所示，接下来，黑
5为止切断左边后，回手黑
7、9又砍断上边，中央白
棋无法做眼的话，必须与

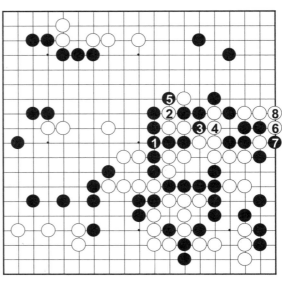

图 2–108

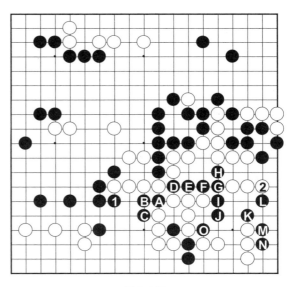

图 2–109

右下黑棋攻杀，白棋虽勉强可吃黑棋十二子，但黑棋在逼吃的过程可以处处得利，远大于右下角的牺牲，黑15为止，白棋大势已去，绝艺上演了漂亮的"弃子秀"一举获胜。

虽说是对AI有利的快棋，一力辽未能有明显的机会，绝艺表现稳定且尚有余力，让人感觉与AlphaGo距离不远，绝艺

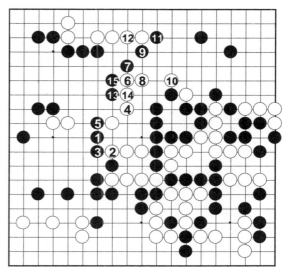

图2-110

这次展现的水平加强了人们对或许会举行"计算机软件顶尖赛"的期待。

对局后的记者会上，腾讯绝艺的公关一再强调绝艺的目的不是碾压人类，而是研发技术、造福社会。问起他们与AlphaGo对决的展望，绝艺方面表示完全没有这种想法。但DeepZenGo的目标现在还是打败AlphaGo，看起来绝艺的做法有一点不一样。

Google投入围棋，不知会持续到何时。但后续的开发还如火如荼，除了腾讯集团与DeepZenGo，2017年，韩国棋院也正式宣布参战围棋AI，此外，世界各大学研究室、企业等都在追赶中，也随时可能引进深层学习以外的新技术，如2017年UEC杯获得第三名的AQ，它不是由团队，而是由具深层学习技术的个人开发出来的，只要有技术，任何人或团体都有开发的

AQ 是擅长深层学习技术的山口佑单独研发出来的（王铭琬摄影）

条件，后Google时代或许才是"战国时代"的开端。

第三章
围棋 AI 们的个性与魅力

围棋AI三兄弟，最早学棋的老大DeepZenGo棋力相继被AlphaGo等弟弟们超越，哥哥后来下输弟弟，这也是人类世界中"兄弟学棋"的典型模式，但是，棋力稍差一点，不等于对社会的贡献比较少，它们的未来都值得期待！

这一章，我们将从各方面来观察这三兄弟，重新确认它们的个性与魅力。

一、软件特征

（一）AlphaGo　不断创新领导技术

Master是AlphaGo的网名，在此我把它当成AlphaGo一起讨论。

说到AlphaGo，最先让我想到的是它没有为了围棋而加入特化的技术，除了一开始用人类棋谱学习以外，对于围棋本身可说是尽量让它"自己领悟"，从AlphaGo自由自在的棋谱中也可以看出这个方向。

AlphaGo没有专为围棋而搞特化技术，是理所当然的事。因为Google之意本不在围棋，是把它当开发技术的工具，不加入特别技术才会有泛用性。围棋变化的广阔，正好让AlphaGo虽没有为围棋特化，也能寻找到很好的途径。

当然，AlphaGo还在不断改良中，从Master可以看出，它对棋局最后阶段的"官子"与"地"的辨认等都有进步迹象，其他如先前所介绍的"敌对性学习"等新技术也随时在加入，强大的二十人高水平团队，让人对今后其他领域的技术移转期待不已。

要做围棋AI，得从AlphaGo的论文开始，现在已成"定式"，但AlphaGo的方法虽是很好的方法，但并非唯一的方法，围棋作为测试工具，应该不限于这次吧！

制作者哈萨比斯曾表示，AlphaGo也有没学习棋谱的版本，让人猜想可能会用这个版本与柯洁对阵，但2017年5月对柯洁三番棋之前，有关此事没有发出任何信息，说不定没有棋谱学习还真不容易进步，来不及达到现在的棋力水平。真相有待下回揭晓。

看了哈萨比斯在2017年4月的发言、演讲等，觉得他是越来越喜欢围棋了，有一天抛开研发，专心当围棋迷也说不定。

（二）DeepZenGo "职人"单挑大企业

DeepZenGo由尾岛阳儿和加藤英树共同开发，但是有关程序方面，几乎是尾岛阳儿一个人在做，加藤英树虽然精通程序，实际上担任公关宣传及尾岛的咨询对象。尾岛属于天才型程序员，不擅长对外交际，现在又还有如何运用深层学习等问题，没有加藤，尾岛也是寸步难行的。

对于"自我对战强化学习"，DeepZenGo并不热心，这个领域是哈萨比斯的拿手好戏，也是AlphaGo的重要武器之一，老大哥不与他人走同一条路，可谓"真有志气"。

加藤英树在新闻发布会上表示，DeepZenGo不同于AlphaGo，有长年"特化于围棋"的技术，若能各取DeepZenGo、AlphaGo所长，就能超越AlphaGo。

尾岛曾在采访中说过"自己都不要动，程序自己会变强的话最好"，应该不是羡慕AlphaGo，而是因为DeepZenGo要变强都得自己动手，事实上，DeepZenGo的路线还是保留自己的围棋技术。AlphaGo是在大企业的大架构下成长，DeepZenGo则是以日本"职人"精神打造的个人作品。

DeepZenGo走自己的路，当然值得为它加油。

（三）绝艺　与职业棋手互动，令人佩服

绝艺邀请罗洗河九段先生做陪练等技术指导，对研发进度有非常大的帮助，令我佩服。职业棋手与AI程序员、技术师的合作并非简单的事，围棋与程序原本是相距颇远的领域，而要在程序内容上合作，不像一般人与人的关系，可以适可而止，而是要必须先全面理解对方的思维，才能做深度的沟通。若无互信互动的交流，就无法得到真正的成果，双方的经验与专长、思考模式都不一样，实在需要很大的努力。

绝艺由AlphaGo的论文出发，但已经开拓了自己的方向，除了与职业棋手合作，AI Lab透露，绝艺在训练中还利用腾讯的云端运算得到高质量数据，这是腾讯集团才做得到的，也是绝艺大局观正确、行棋稳重的一个原因。

此外，绝艺在自我对战学习过程中，有新的强化学习方法，加强了战斗攻杀的能力，能创造出更优质的自我仿真数据，从而建构了更强的模型。和其他很多围棋AI相比，绝艺的对杀能力会更强。

绝艺团队的负责人刘永升表示，围棋技术可以提升的空间还很大，他们研发的目的不是打败人类，而是磨炼技术以转换到别的领域，研究的过程本身会给人类带来经验和新的理论。

二、硬件配置

（一）AlphaGo ——它很贵，可是它很能干

AlphaGo登场的时候，让人傻眼的是它的硬件配置是1202个CPU、176 个GPU，软件开发者们惊呼："下这样一盘棋，光是电费就比我一个月的薪水还多！"实在不愧为Google的大手笔。

一般的计算机计算是用CPU（中央处理器）来执行的，GPU（图形处理器）则是用来执行绘图运算的微处理器，深层学习是以绘图为主，所以要用GPU来执行。

对局时，基本上是CPU要等GPU得到一些结果后再去做仿真等演算，性能是以GPU为重，CPU的数量要配合GPU，只增加CPU的个数，对性能没有明显影响。同是GPU，性能会不一样，无法用个数单纯比较，硬件的情况也会随性能的进步改观，硬件的问题大部分还是资金的问题。

按照AlphaGo的论文，深层学习的效果是GPU个数乘以学习时间。但GPU非常昂贵，2016年1月时，一个差不多要人民币十万元，这让许多软件开发为了筹钱买GPU奔走了好一阵子。

不过个人计算机也有简单的GPU功能，所以加进深层学习的软件，在个人计算机也能跑。

从外界来看，AlphaGo想要有多少硬件就有多少，此后要开发新技术也不用考虑硬件配置因素，这当然正是AlphaGo的魅力。

如Google对外所宣传的那样，AlphaGo的技术已被转用到节能、翻译等

领域。其中还包括Google强调的医疗，任何领域都可能用到AlphaGo的关连技术成果，先做节能、翻译，大概是因为在这些领域发生一点小错误也没太大关系吧！

（二）DeepZenGo——志向一家一台

DeepZenGo常被说只有八个GPU，但DeepZenGo在新闻发布会上宣称，它们的硬件"与AlphaGo有同等的功能"，意思是说性能好，不能单纯比较GPU的数量。

DeepZenGo是商用软件思考引擎，此后它最重视的也是这一块，期待将来家家都有"天顶围棋"，不想做出与"个人用"相距太远的架构。但另一方面，DeepZenGo并没放弃打倒AlphaGo的志向，以这个目标来说，现在的硬件配置有待加强。比起AlphaGo与绝艺，DeepZenGo的硬件配置相形见绌，这是DeepZenGo整体资源不足的象征。自己会赚钱的软件反而叫穷，也是围棋AI有趣的现象。

（三）绝艺——只管自己需要

绝艺没有正式公布过它的硬件配置，我的看法是，差不多在AlphaGo与DeepZenGo之间，可能是AlphaGo的几分之一、DeepZenGo的好几倍，但绝艺目前没有要和AlphaGo做硬件配置竞赛的打算。

AlphaGo是以打败人类为目的，推算而定下这个硬件配置的，绝艺若只是要以围棋打造AI技术，确实没有必要去跟AlphaGo看齐。

每次记者会，都会有人问到绝艺对决AlphaGo，亦即举行AI顶尖赛的可能性。现在若开赛，硬件配置可能会影响结果，集结中国力量要打造比AlphaGo

好的硬件配置没有问题，但那又怎样？万一硬件配置好的那一方输了更没面子！比硬件配置等于比资金，不是很有意义，真的要比的话，大概只好在同等配置的条件下进行比赛。

现在的状况是双边都有太多顾虑，短期内来说没有对决的可能，但这个时代的变化实在太快，今天不可能的事明天就有可能发生。我的想法是，AI间的比赛，不要变成硬件配置比赛，还是比较有意思吧。

三、棋技

（一）AlphaGo——手筋华丽、棋形优美

AlphaGo常被说手法怪异，其实没有这回事。AlphaGo和人类下法不同之处，如"阿尔法觑"与"阿尔法肩"，只是使出那招的时间点比人快，但AlphaGo的棋子留在棋盘上的"棋形"并不奇怪，甚至可用"优美"形容。

美不美，是人类主观的感觉，当棋子形成"工作效率高"的棋形，会下棋的人从自己的经验来考虑，会觉得这样的棋形是"优美"的。AlphaGo下的棋形让人觉得好，表示人类的感性跟AlphaGo很接近，而且人类对围棋的基本认识并没有问题。

1. 二线单立无言施压

棋形好，有时也称为棋形很"正"，棋形正的下法让己方没有弱点，选项可以达到最多，所以也是概率最好的下法。

如图3-1所示，李世石战第一局，AlphaGo白2立像长腿妹，是很"正"的

一手，这着棋虽很平凡，要有相当棋力的人才会下。下棋时的心理，总想多往前一步，这时会想更前进一路在A位扳，但被黑B挡，必须回补白2位，白2"单"立，保留A与B两种机会，而这个棋形，次下于B比A好多了。

如图3-2所示，黑7之后，白下A位时，黑棋必须补活上边棋块，右边被弱化，成为此后白棋打入B位的伏笔。

如图3-3所示，"立"的手法第五局也有出现，黑1时，对于黑1觑，白棋以白2立应对，黑3后，只好黑5回补到自己的地里做活，白棋将来也还可以下A位，白6挂扩大优势，是白2的效果。这个"立"的手

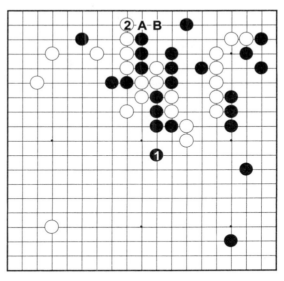

图 3-1

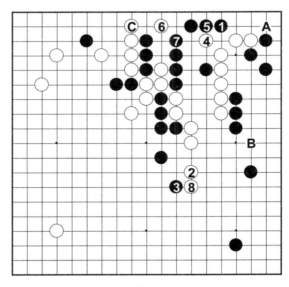

图 3-2

法，看似简单，在实战要适当运用，并不容易。

2.手筋一闪，实时跨断

如图3-4所示，白1跨断，虽然简单，但要对棋形有敏锐感觉才下得出来，实战时白5为止，成攻切断黑棋。

如图3-5所示，黑4抱可以吃掉白1一子，但白5、7后，中央黑四子反而被吃。

如图3-6所示，对于白1、3，其实黑棋可以4叫吃，白5必粘，然后黑6，既吃白1又救中央，但黑棋不愿意这样下，因为这样下之后，对白7觑，黑棋只好黑8应，黑棋出现"愚形"。

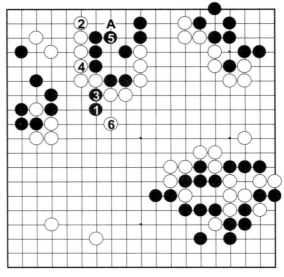

图 3-3

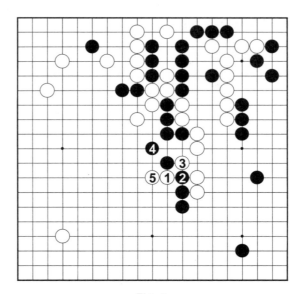

图 3-4

棋形优美是棋子发挥最大效率的结果，简单来说是让"表面积成为最大"。下黑8后，黑8附近四颗棋子聚紧在一起，减少了表面积，所以叫作"愚形"。

我们看图3-6会发现全盘白棋的棋子顺利连接发展，而黑棋的棋子比较落后，因为黑子表面积较少，整个棋盘看起来会感觉颜色比较白，深层学习是用它自己的方法，很细腻地学习这种感觉。

黑4、6的手法虽既吃人又救己，但这是"手术成功，病人去世"，万万行不得的。AlphaGo察觉这种状况，知道不会被吃，安心跨断，但人可能会疏忽，漏看这个手段。

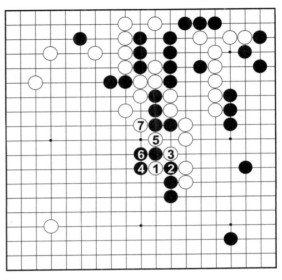

图 3-5

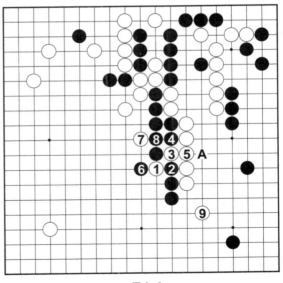

图 3-6

129

3. 轻踏梅花步

AlphaGo对棋形的敏锐处处可见，像是对李世石战第三局。

如图3-7所示，白2的三线点是AlphaGo的"名手"，人类在这种情形下，视线会靠近快被包围的黑棋三子，白2的位置容易进入盲点，对于白2，黑棋必须下3拐照顾黑棋，这时白4压，得到一个"正形"，不下白2，就得不到这个好棋形。

再来看白6，我原本以为会下A切断黑棋，但变化复杂，AlphaGo见好就收，不做无谓缠斗。

如图3-8所示，李世石以踊跃黑1跨断，不想放过白棋，我在直播讲解时骤然不知如何应付黑1，但白2闪避，又是一着轻妙舞步，黑棋棋形已崩，不用直接理

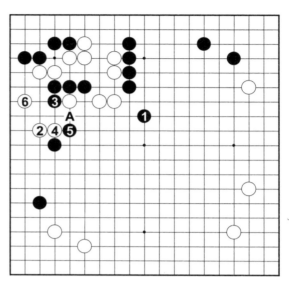

图 3-7

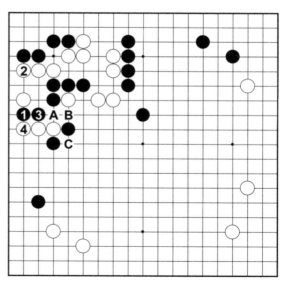

图 3-8

睬。白2也是人类盲点，因视线紧盯黑1，很可能不列入考虑。

对于白2，黑3拉回的话，被白4挡，黑棋有A、B、C三个弱点，黑棋不好收拾。

如图3-9所示，实战时为了不让白棋渡过，黑1、3是唯一的方法，此后到白10为止告一段落。

如图3-10所示，这盘棋是白1自己打入黑A、B、C的重围中，结果白棋不仅如图3-9全身而退，还顺便割断左下一子，黑棋块并不比白棋块强，左边的战斗黑棋明显吃亏。李世石虽频频出拳，但被AlphaGo一一避过，赔了夫人又折兵。

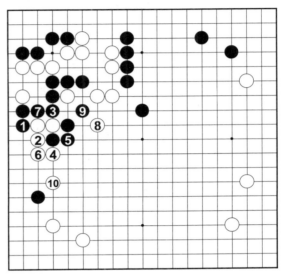

图 3-9

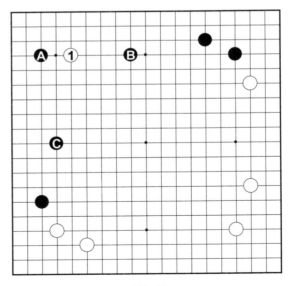

图 3-10

4. 华丽手顺穿刺敌阵

这场是Master对柯洁，算是三番棋的前哨战吧！Master持白棋。

Master也注重棋形，比起AlphaGo的轻妙，Master会顺便"展现肌肉"。如图3-11所示，白1、3深入敌阵是Master常用的手法，接下来白5碰，手法凌厉，不像到他人家里做客。

如图3-12所示，黑1扳，不能示弱，白2以下是白棋的必然应对，白6为止分断黑棋，此后白8、10是漂亮手筋。

如图3-13所示，白6为止，硬是把黑棋分成两边，因黑棋还必须在左上角补一手，白棋不会受攻。白棋不是弱棋的话，黑棋子反变成太贴紧对方的"恶形"。

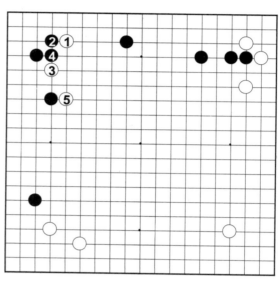

图 3-11

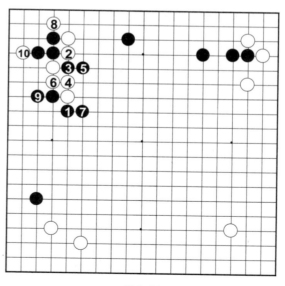

图 3-12

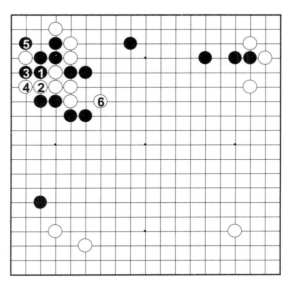

图 3-13

5.强制定形咄咄逼人

如图3-14所示，Master
持白棋。黑1时Master白2挂，
是不由黑棋分说的命令式下
法，原本大部分人认为这种下
法是在形势有利时才采用，
黑棋至此并没有下什么坏
棋，所以不会考虑这么下。

另一方面，左下角白棋
从A位夹是很严厉的攻击，

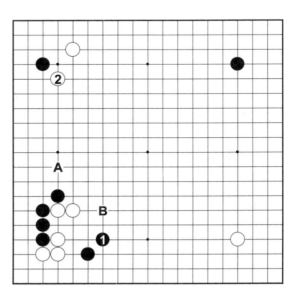

图 3-14

白2从这方面压过去会丧失这个手段，所以白棋从B位跳出，黑下边与左边无法兼顾，这样也不觉得白棋状况有何不好。但Master的下法更不由分说。

如图3-15所示，黑11为止，只好如此，这时白12断是Master的构想根源，左下棋形，Master认为，白12断作为弃子本身是不错的下法，所以将黑棋压扁在左边后，正好施出这个手段。

如图3-16所示，白14扳先手，让左下白棋变安全后白16夹，白棋左边虽被吃三子，全局棋形的效率很高。

如图3-17所示，因为一直是对黑棋下"命令句"，这个局面必须从图3-14中的白2就评估，一

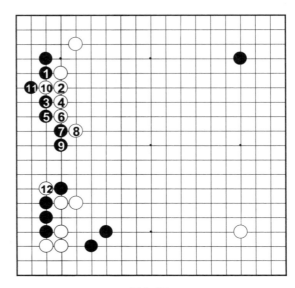

图 3-15

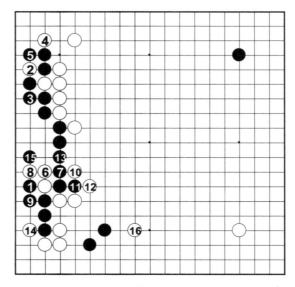

图 3-16

般感觉会被黑1断，白棋撑不住，这大概也是黑棋的判断。但实战中白棋让黑5、7提二子再度弃子，白8为止，白棋压制下边，取得全局优势。

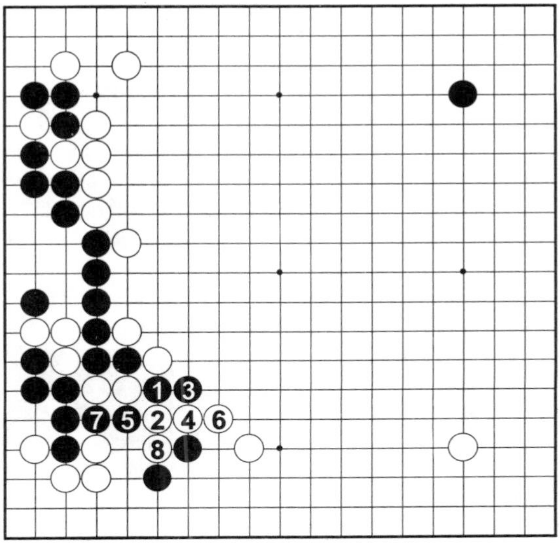

因为至此手数太长，人类不容易预测白棋的再度弃子，这个结果让人不禁怀疑：是否图3-14时黑棋已经有问题？

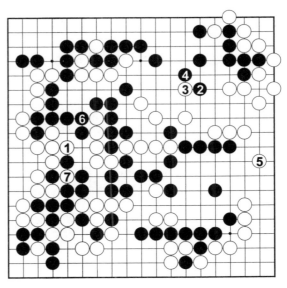

图 3-17

6. 轻易探知迷宫出口

这是对李世石战的第二局：

如图3-18所示，棋局进入"大官子"，形势接近的局面下，这个阶段是胜负关键。

李世石白1救回中央白五子，我虽觉得黑棋稍好，但也不知道该下哪里。AlphaGo黑2跳，这是棋形很正的一着棋，但官子阶

图 3-18

段，不管棋形正不正，必须下"最大"的棋，黑2虽然好看，因为数不清有多"大"，敢这样下的人不多。

对于黑2，李世石白3碰后，脱先下到白5，这是最"大"的地方，白棋出现希望。

如图3-19所示，黑1、3是AlphaGo预先准备好的"决定打"，虽还不至于称为"妙棋"，但连李世石也没清楚看见。也就是说，大家还在迷宫中打转时，AlphaGo已经看到图3-18中黑2的出口了。

如图3-20所示，黑6为止吞进白子，黑地暴增，确定胜势。

AlphaGo并非知道围棋下哪里最好，而是纯粹地将围棋当作"概率的

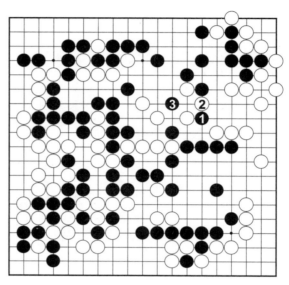

图 3-19

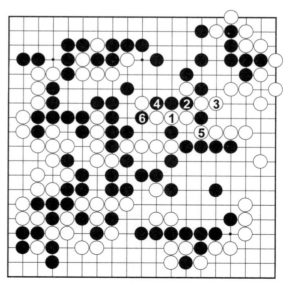

图 3-20

大海"，找出获胜可能性最高的一着，而这个机制会由优美的棋形显现出来，AlphaGo告诉我们：可以更相信自己的眼睛、自己的感觉。

（二）DeepZenGo——好战喜攻，下起来过瘾

2009年，"天顶围棋"开始上市时，我与Zen下了一盘让七子的公开纪念对局。

如图3-21所示，开局不久，白1进角时，Zen下出黑2碰这着棋，左下角至白1是定式，此后是黑A或黑B，黑2没有人下过。

姑不论黑2是不是好棋，黑2是很有"sense"的下法，不表明对白1的态度，先对白C做攻击，观看白棋的对应方法之后再来决定自己要下A还是B。

我顿时成为Zen的"粉丝"，此后也在自己的比赛中尝试受到黑2启发的新手，并获得胜利。

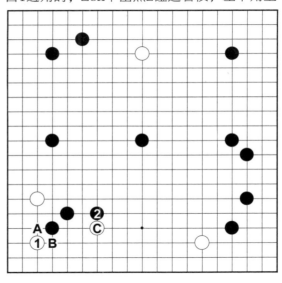

图3-21

Zen好攻好杀，抓住对方弱子就不放，形势不利时，会猛吃对方大龙，常让棋局转败为胜。日本俗语说"三岁小孩的本性，到百岁都还在"，DeepZenGo继承了Zen的特点，喜欢攻击，对夺眼有很深的执着。

四平八稳的棋风胜率高，但喜欢战斗的棋下起来过瘾，这大概也是商用软件引擎DeepZenGo的一个考虑。

在Zen的时代的棋力水平，攻击性下法容易奏效；在世界顶尖水平的话，平衡感不好的下法就行不通。第十届UGC预赛，DeepZenGo对绝艺的那一局正是对此很好的写照。

但在其后的WGC比赛中，DeepZenGo在内容上并不逊色于世界一流棋手，DeepZenGo超乎常识的积极下法是否不可行还不知道；另一方面，即使因为这种人为因素的下法导致胜率不高，但只要能在高水平的水平顽强抵抗，就是很有价值的技术。

围棋是一着错满盘输，只要你的能力比对方少1％，获胜机会就很少，但其他有些领域，输出结果是99％或100％并不重要，牺牲1％就让人过瘾，是非常值得的。

1. 超攻击性手法

这是DeepZenGo对赵治勋三番棋第一局。

如图3-22所示，白2引出白A一子，人同此心，但白6往棋盘边压，出人意料。

如图3-23所示，对于黑1，白2长是普通下法，到白10为止，白棋也不坏，大部

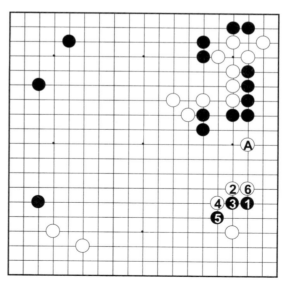

图 3-22

分职业棋手应该会选择这
个下法。

　　接下来如图3-24所示，
白2立，原来DeepZenGo
是在夺黑棋眼位，黑5后右
下角情势不利，但白6转
攻，对黑A至G数子，比常
识下法还严厉，此后攻击
颇有成效，经过一段时间
的落后以后，白棋形势略
优，右下角的超强势下法
是否不好，无法断定。

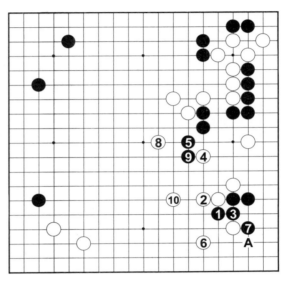

图 3-23

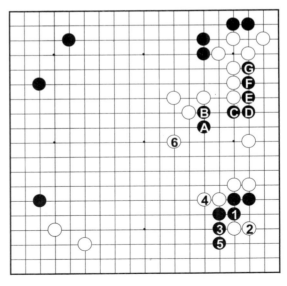

图 3-24

2.不留转圜余地

接下来，如图3-25所示，左上角黑1时，白棋暂时技穷，白2、4转攻中央，没想到这个攻法，比想象的要严厉得多。

如图3-26所示，白4、6连扳后，8点住黑棋急所（双方必争之处），白棋有A位的弱点，让黑棋一口气都不松，白8顺便打消了黑棋A位的手段，白4、白6、白8是常用手法，用在此时最为适当。

如图3-27所示，黑棋有黑1以下的反击，但因为白8是先手，黑棋没办法，这样看来，白棋被黑棋A位扳，反而确保了中央的先手利益，我原本认为白棋在左上角失败，使形势变坏，但至图3-26白8，白棋

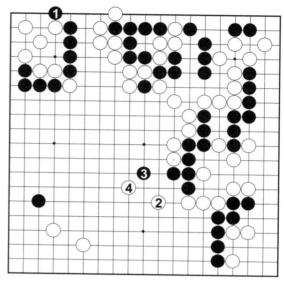

图 3-25

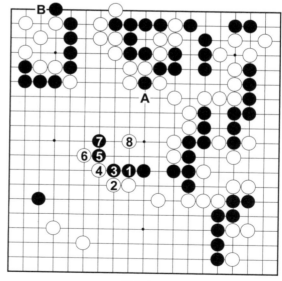

图 3-26

也很有希望。

DeepZenGo看轻左上角，锁定中央，也可以有这个观点。

3. 为了攻击，其他都是小问题

对赵治勋三番棋第二局中，DeepZenGo持黑棋。

如图3-28所示，下黑1后再黑3夹，让观战的职业棋手摇头不已。这种下法没看过，黑1是随时可以下的"权利"，但不必现在行使。

如图3-29所示，此后若被白棋在1位回补，黑A成为帮白棋做眼的恶手，现在将黑A下掉，徒然增加这个风险。

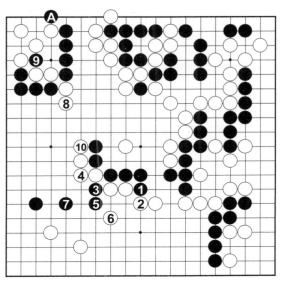

图 3-27

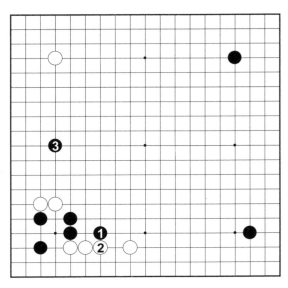

图 3-28

如图3-30所示，白2逃时，再下黑3，白棋也只好白4应，黑棋甚至还有不下黑3，单下A位跳的选择。

如图3-31所示，实战因为黑棋先下掉黑A，让赵治勋觉得下边已不值得用力，转身白1夹，但黑2攻击后，白棋做眼苦不堪言，黑棋立马夺得主导权，黑A先下掉，反而带来最好的结果。

ＤｅｅｐＺｅｎＧｏ的看法是：这个局面最重要的就是攻击左边二白子，比起黑A成为恶手，进入攻击后，白棋对黑A采取白B以外的对策，让攻击失效的风险比较大。这个看法现在虽还没被认同，也不能断定它是错的。

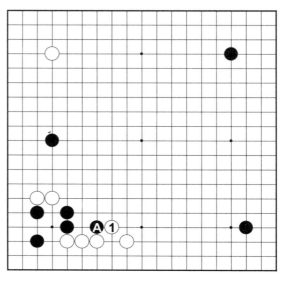

图 3-29

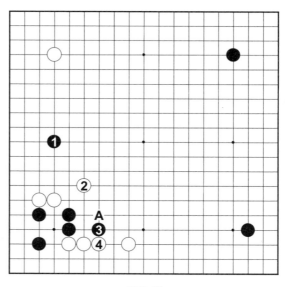

图 3-30

4.动用全体力量

DeepZenGo的下法不仅攻击力强,以攻击为基础的判断有时也令人佩服。在对赵治勋三番棋的第二局,DeepZenGo持白棋。

如图3-32所示,白1从星位"二间高缔"是我喜欢的下法,但这个局面,我也不会选择这一手。因为左上白棋势力范围浩大,如何将势力"实地化",抑或黑棋侵入势力范围时,如何对此予以最大的打击,是最重要的课题。

职业棋手会基于这两点,去考虑次一手,但若这样想的话,大概不会是白1,我可能下A位,将左上角守得牢固一点,下B位也必大有人在,甚至下C、D等围地,干脆不让黑棋打入上

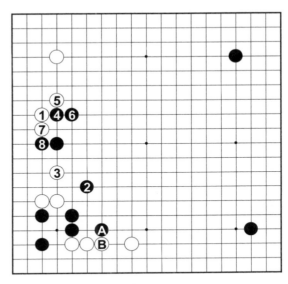

图 3-31

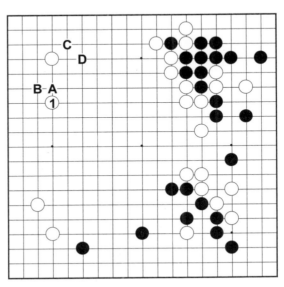

图 3-32

边，也会被列入考虑范围。

如图3-33所示，实战黑
1碰，这是"二间高缔"的弱
点，要下二间高缔，必先要
想好黑1的对策，DeepZenGo
白2、白4采取最普通的应
法，但这样下的话，我看不
出对上边黑棋有好的后续手
段，这样白棋赖以为生的上
边宝库一下就被掏空，怎么
得了！我要是白棋，想到这
个图，就会马上放弃，也不
会选"二间高缔"。

如图3-34所示，实战中
DeepZenGo转战下边以白1
打入，黑棋也不好应付，黑
2算是普通下法，但白3、5
让白A也加入战场。

如图3-35所示，黑1、3
切断白一子不得已，此后演
变至白8，虽是普通进行，
但环顾全局，黑棋此后必须

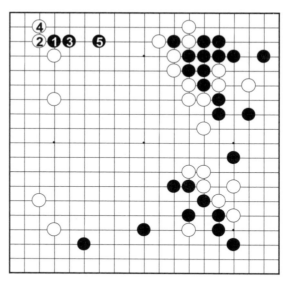

图 3-33

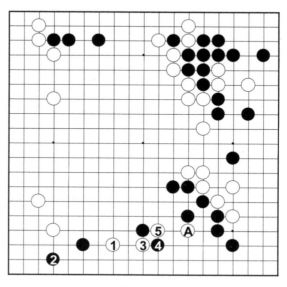

图 3-34

打入左边，但白棋上有在
A位夺根，下有B位断，黑
棋难补，全局都是白棋的
有利材料，形势也是白棋
优势。

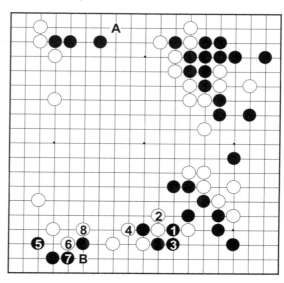

图 3-35

下边白棋打入后的结
果，从全局来看，黑子节节
后退，明显挨打，而白棋全
局力量增强之后，做A位等
攻击，又变得更加有效。
原来DeepZenGo守左上角
时，就锁定下边打入，但人
类会把注意力放在左上，忽视下边的价值。

5. 唯夺眼是命

人类攻棋时，是以围攻为主要考虑，但DeepZenGo对夺眼很有兴趣，围棋变
化无限，通往胜利之路是不只一条的。下面是WGC时对朴廷桓，DeepZenGo
持白棋。

如图3-36所示，对下边黑棋，白2、4，夺眼目的明确无比，黑棋确实受到
很大的压力。

紧接着，如图3-37所示，白2、4一眼都不给，两个白棋双子并排的形状，
正像双指直捣黑棋的眼珠。

如图3-38所示，白12为止，白棋一边得利，一边把黑棋赶出中央，图3-36

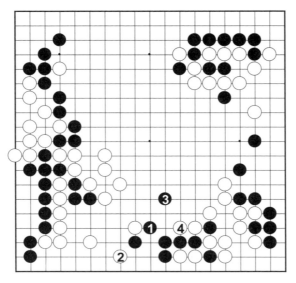

图 3-36

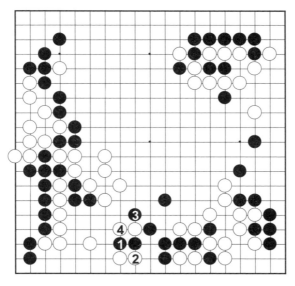

图 3-37

看白棋的下法正不正确很
难说，但可说是一条简明
的途径。

破眼太凶反而会让棋
局落后，DeepZenGo面对
世界第二的朴廷桓还是取
得了优势，表示没有调整得
太过分。

6. 缺点就是成长空间

比起"弟弟"们，
DeepZenGo有待加强的地
方还是后盘。下面是对赵
治勋三番棋的第三局，
DeepZenGo持白棋。

如图3－39所示，黑
1觑，白2、4应成为败
着，此后黑5、7先手提
一子，黑9穿刺白地，
DeepZenGo发觉不妙，开
始出现"水平线效果"的
举动，但黑5、7、9都是极
为当然的手法，也就是说，

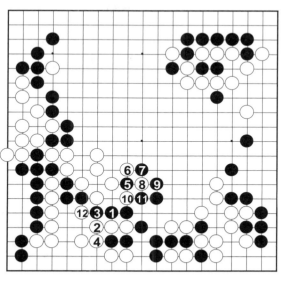

图 3-38

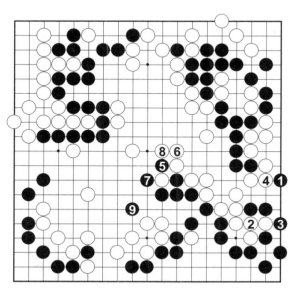

图 3-39

147

白2时无法预见到黑9的局
面是不应该的，后盘是这
种水平的话，不论什么棋
要赢都很辛苦。

　　如图3-40所示，图
3-39白2可以改下白2、白
4送子先手补断，就可以
脱先下到白6，不必被先手
吃掉，中央的利益大于右
边的损失，这样的话，我
觉得白棋还好一点点。

　　如图3-41所示，若右
边黑棋黑1断，被白4打，
黑棋在A位粘的话，白B会
被吃掉，这个"接不归"
的手段，DeepZenGo不能
没有看到。

　　此后的WGC对局里，
DeepZenGo在后盘也出现
大漏洞，电圣战虽战胜了
一力辽，然而一旦形势接
近，后半场的下法令人非

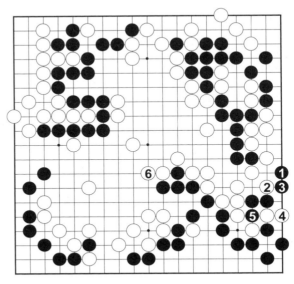

图 3-40

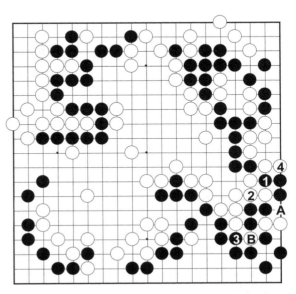

图 3-41

148

常不安。

反过来想，DeepZenGo有这么大的问题，表示还有很大的成长空间。现代围棋重视平衡感，偏于攻击还能达到高水平，本身就是很有价值的存在。

（三）绝艺——稳扎稳打、坚实细腻

绝艺在网上做过数百场对局，是围棋AI留下棋谱最多的，但因大多是非正式对局，本书的棋谱讲解，就只针对2017年3月在日本的比赛，其他局说不定因为与对手稍有差距，让绝艺的下法显得有点保守。

综合网上对局的印象，绝艺的下法是不出奇招，稳扎稳打，但该使力时也不会错失机会，可说进退有序。总结"AI三兄弟"在棋盘上给人的印象是：AlphaGo自在如水，DeepZenGo激烈如火，绝艺则坚韧如钢。

1. 脚踏实地，不会暴冲

2017年UEC杯决赛，绝艺对DeepZenGo，绝艺持白棋。

如图3-42所示，白1时，黑2是DeepZenGo拿手的"肩"，要是人类，很可能选择从黑4方面冲出，但这样白棋也有风险，实战时白3、5这样下，被说是

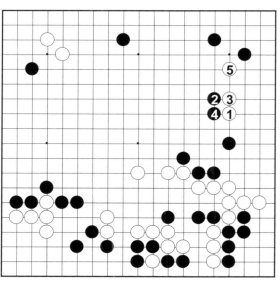

图3-42

"很会忍耐"。

如图3-43所示，白6为止，右边虽小但五脏俱全，的确是白棋稍微领先的局面。

如图3-44所示，白2、4会被黑5压，右上势力范围变大，黑棋右边可战可弃，白棋占不到便宜不要紧，说不定还要吃大亏。

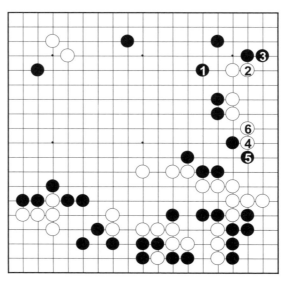

图 3-43

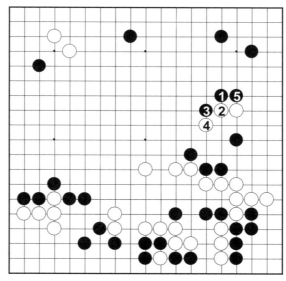

图 3-44

2. 重要局面不会松懈

比起其他AI，绝艺的惊人之举令人印象不多，但常常可看到小地方的细腻。

绝艺对一力辽时，绝艺持黑棋。

如图3-45所示，白1夹，不让黑棋从右下角脱身，黑2后，黑4跳是比较少见的下法。

再看图3-46，因为白棋有白1断的手段，黑6以下是难解的战斗，绝艺必须算清所有变化，才能下图3-45中的黑4跳。

围棋麻烦之处是，现在好，以后说不定不好。白1的手段就算现在撑住，此后随时有爆发的可能，日本棋界称这种棋为"kimochi（感受、心情）不好"，会尽量不下。

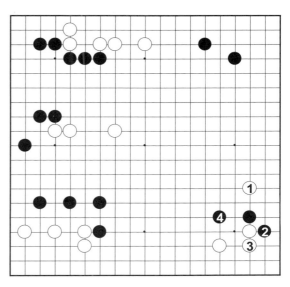

图 3-45

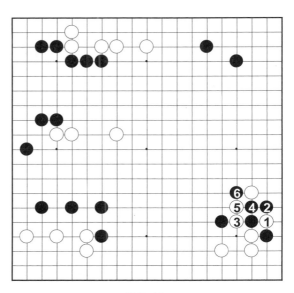

图 3-46

151

但这个局面绝艺是该撑的，如图3-47所示，黑1最安全，但白2攻后白4又是先手，黑棋脚步缓慢，此后不易处理。

另一种下法如图3-48所示，黑1撞，但这个局面，白棋往宽广方面白2立，黑棋就已经付出了代价，这个图也是黑棋受攻的变化。

如图3-49所示，实战中因黑1多跳一步，得以下到黑3夹，没有让白棋一边攻黑棋一边占据右边的作战得逞，黑1显示了绝艺的实力，是质量很优的一着棋。

绝艺的亲兄弟——刑天与骊龙，从现在网上的对局来看，看不出很明显的不同，但此后有可能

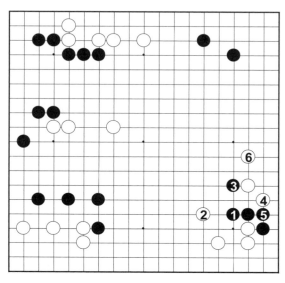

图 3-47

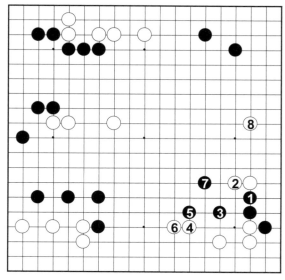

图 3-48

展现自己的个性。绝艺的在线系统有单机版和多机版，单机版的棋力与多机版差距没有那么大，要是腾讯想要将单机版转为商用软件，应该短时间内做得到，虽然目前看起来没有计划，腾讯是游戏公司，只要时机成熟，应该会有这个意愿吧！

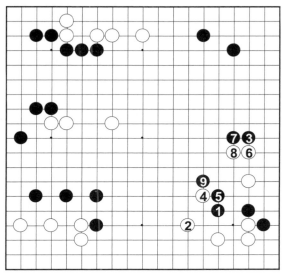

图 3-49

四、将来

（一）AlphaGo——一切还在未定之天

我个人认为，围棋作为开发测试的工具，应该还有很大的意义，无论结果如何，短期内Google不会完全退出围棋界。当然，这或许是职业棋手的一厢情愿！

AlphaGo的出现虽带来赞美，但也带来疑虑与恐惧。

AlphaGo登场后，世界开始认真讨论，计算机能力超过人类时会发生什么状况，比起乐观的远景，"AI会为人类带来无法承受的冲击"这样的评论、预测似乎比较多。

人类对于新的技术，最初总以怀疑的态度对待，但"计算机能力胜过人类"，其严重性是其他新技术无法相比的。DeepMind进入Google伞下时，所提的附带条件就是要Google成立AI伦理委员会，开发AlphaGo的人，对自己的技术不是没有警觉的。

围棋可说是世界的共同语言，除了作为研发工具外，难道没有其他的力量吗？

（二）DeepZenGo——三年后超人软件上市

加藤英树预估，现在DeepZenGo的升级版本大概三年后就会上市，这当然会造成一些冲击，但从长远看并不是坏事，对此容后再叙。

DeepZenGo面世时，就有一个固有的悬念：因为"深层学习"是计算机自己会从数据中寻找特点加以学习，而Zen是手工打造、特化于围棋的程序，各取所长之前，这两样东西会不会是相克的？

初期的DeepZenGo有"程序内不一致"的现象，好攻的Zen想往前冲，但深层学习想拉它回去，但DeepZenGo已经达到这个水平，我觉得已经不是问题了，DeepZenGo可以改进的地方还有很多，可以更上一层楼而达到更高的水平。在人类与AI可能产生矛盾的将来，程序内部有一点矛盾，说不定反而有学术上的价值。

比起两个"弟弟"，DeepZenGo可说是"省吃俭用"。硬件规模大一点的话，有些问题说不定能迎刃而解，有足够的人员的话，程序调整也不必都是尾岛一个人来做，说不定还有尝试不一样版本的余力。

但个体职人手工打造是DeepZenGo最大的魅力，我个人觉得还是不用太性急地强求棋力进步，让DeepZenGo走自己的路吧！

（三）绝艺——期待以围棋研发技术

腾讯AI Lab负责人姚星说"绝艺的研究不止于围棋AI，会对深层学习和强化学习做研究开发，一年下来已经有具体的成果。"如本章开头提到的，利用云端计算、改良自我对战学习等，都算是泛用性技术，看起来研发本身是绝艺的基本方向。

2017年电圣战时，绝艺的对局让我印象颇深，包括网上对弈，至此局为止，绝艺下的棋大部分是一手三十秒以下的快棋，考虑时间大多设定为一手十二秒，电圣战中与一力辽的对局，比赛规则是限时一手一分钟。

这一局绝艺将自己的考虑时间提高为四十秒，一般来说围棋是想越久，下出来的棋越好，但围棋AI不实际跑跑看，就很难说，因为想太多的话，若不合程序的设计，可能会出现意外，考虑时间四十秒，想必绝艺测试过，但实际和人的对战经验没那么多。

从数据来解读的话，绝艺考虑时间十二秒的赢面相当大，而且人类下棋，在对手思考的时间内，自己也是拼命在想，而自己下得快，对手思考时间变短，也是很有效的攻击。

这一盘棋是绝艺第一次公开对人比赛，中国的期待很高，更改考虑时间，不能说没有风险，比赛后的记者会上有人问起这一点，负责人刘永升表示"绝艺只想下出内容好一点的棋，没有考虑风险问题"，这话让职业棋手听起来很舒服。

AI Lab对于社会可能会对AI抱有戒心非常在意，只要绝艺一直保持这样的初衷，人类对绝艺也一直会是肯定的。

（四）围棋是拼图，还是一幅画？

对于围棋AI，有人解读为"它只不过汇集古今的围棋智慧，在各局面选择适合的手法拿出来使用"，这样的想法立足于围棋是"追求真理"，古今的围棋知识包含很多真理。因为围棋AI储存的知识比人多，又容易比人搜索到有用的知识，结果会比人强——但我不觉得是这样。

围棋或许可以比喻成肖像画，若下棋是追求真理，那研究围棋，就像是去完成一幅世人公认的"围棋之神"的拼图，而下棋的目的是在寻找围棋之神的"拼图"。不过真正的围棋之神谁也没见过，自己现在收集到的拼图到底是不是属于"真神"，也不得而知。

想要完成"围棋之神"肖像，还有一个方法，就是自己先有一个"围棋之神"的意象，然后干脆自己把它画出来，虽然不是真神，只要画得比对方像，真的围棋之神也只好让较像的人赢吧？要是手上有拼图，和自己想画的部位正好一样，那顺便贴上也无妨。说不定AI真的擅长这一点，但关键是"心中有没有自己的围棋之神"，也就是自己有没有固有围棋观这一点。

围棋AI的机制，主要是用概率在判断与运作，爱因斯坦说"神是不会掷骰子的"，真正的神与概率无缘，我认为围棋AI一开始就在画自己的神，而没想要收集"真正围棋之神的拼图"。

AI至今下出来的新手已经不计其数，没有自己的围棋观，是做不到的。有时会觉得AI和某棋手相似，可说它只是用用手上的拼图吧？AI画出来的"围棋之神"，比起人类想的更像真神一点，我认为这才是AI最值得我们参考的地方。

第四章
围棋 AI 走过的路

围棋AI如何达到今天的棋力呢？我不会程序语言，就用一般的语言去叙述，围棋AI的机制并不那么复杂，要理解应该不会有困难。

一、1969—1984 黎明时代

西方人看见围棋的外观，大概会觉得和计算机还挺类似的，围棋程序的开发从20世纪60年代就已经开始，当初进展很慢，1969年才开始有对弈软件，它的能力差不多只到被"叫吃"的话会逃，作者的评估是三十八级，还谈不上什么棋力。

1969年，吴清源老师曾发表文章，期待计算机围棋有更进一步的发展；1970年，大阪万国博览会时，也特设了围棋专区，展示回答围棋诘棋问题的机器等；1980年开始有商用围棋软件上市，但只能观赏对局或是整理自己的棋谱，没有实际对局的功能。

二、1984—2005 年 手工业时代

1984年后，世界各地开始有围棋软件对弈比赛，有的比赛还提供差不多可以供人生活一年的奖金，促使很多人投入围棋软件开发的工作。

台湾的应昌棋围棋教育基金会，1985—2000年长期举办应氏杯计算机围棋比赛，也为围棋软件的进步做了很大的贡献。

各种比赛之中，中国陈志行教授的软件"手谈"在1993—1997年拿到七次冠军，成为畅销的商用对弈软件。此外也有众多中文世界软件作者相当活跃。

这个时代，因为程序的所有内容都需要靠开发者自己去输入，是围棋软件的"手工业"时代。软件的棋力必须仰赖开发者对围棋的了解，但是程序内容的繁杂软件开发者非常辛苦。

（一）极小化极大算法（Minimax算法）

我在序章曾提过，围棋被归类为"完美信息游戏"，意思是所有相关的信息完全摊开在棋盘上，如井字游戏、象棋、国际象棋等，都属于这类游戏。

计算机处理双人的"完美信息游戏"，一般用的方法是"极小化极大算法"。

井字游戏因为变化很少，可以从开始就直接搜索到胜利的局面，这在日文中叫作"完全解析"，是很贴切的名词。随着计算机性能的进化，有些游戏如西洋跳棋(Checkers)已经被计算机完全解析了，但如象棋、国际象棋等，就算计算机能力强大，离完全解析其实还有很遥远的距离，也就是说再怎么搜索都无法达到"胜利"这个尽头。

怎么办呢？计算机这时用的方法是，判断局面的优劣，给局面一个"评估函数"（亦称"评价函数"）代替"输赢"，计算机以搜索最好的"评估函数"代替搜索确定的胜局，所以"评估函数"是计算机最重要的武器。

为了让计算机的棋下得更好，人类陆续开发了一些更有效率的搜索方法，

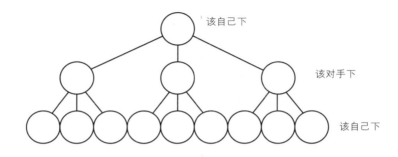

該自己下

該對手下

該自己下

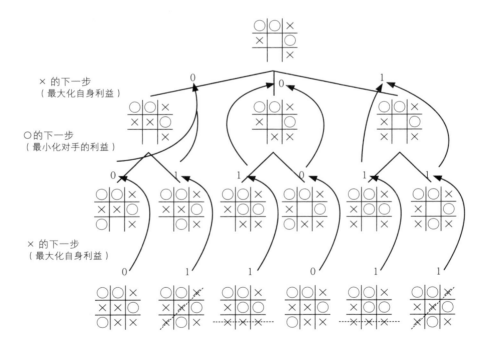

井字游戏

而为了正确评估局面，利用"机器学习"技术让计算机自动从棋谱中学习棋形等，做了许多改良。基本机制如上所述，一步一步去搜索，就像在1997年，IBM的"深蓝"打败当时国际象棋棋王卡斯帕罗夫，也是在这个机制里运作的。

（二）"评估函数"的问题

然而比起"深蓝"的辉煌成就，围棋软件的进步却停滞不前，连业余初段都无法达到，与人类的差距是九子以上，也就是说计算机先下九手才换人类下棋也无法赢。围棋软件遭遇最大的问题是围棋的"评估函数"非常棘手，无法准确算出来。

最主要的原因是，围棋与国际象棋不同，不是擒王型的游戏，擒王为胜的话，只要把王将死就是一百分。但围棋比的是最后谁围的地多，而"地"不到最后就无法确定，所以对计算机来说目的散漫，使得评估困难；目标遥远，也不知如何评估。

还有一个因素是，围棋的棋子全部一样，看似单纯，反而让"评估函数"的难度加高；国际象棋、象棋等因为每个棋子的功能与角色不同，如棋子的得失、位置等，计算机比较容易就棋盘的现状去做评估，围棋的每个棋子的价值并非与生俱来，而是由周围甚至全局的情况决定，这种"流动性"更让计算机摸不着头脑。

缺乏具体信息让计算机很难就棋盘局面直接评估，要得到具体信息，必须对局面再加以分析，而这个分析又非常困难。例如，围棋最基本的规则是"连接"，同色的棋子由棋盘线连接在一起。

如图4-1所示，黑A、B、C、D四子由棋盘线完全连接，白子被分成两个单位：白E、F与H、G各成二子的连接。因为围棋棋子不会移动，一旦接上就成为至死不离的共同体，棋子连接数多时称为"棋块"。

连接是围棋的最基本状态，计算机一开始必须辨认棋子处于什么样的连接，才有办法下棋，可惜棋子的连接不一定像此图这样明明白白，大部分必须加以分析，而此项分析又是一大难事。

如图4-2所示，黑A与B形成围棋术语中"尖"的棋形，"尖"虽然没有由棋盘线连接，但事实上黑A与B是完全连接的，因为围棋是双方互下，C点与D点，黑棋必得其一，也必由棋盘线连接；黑A、黑B事实上是"共同体"，要是误以为黑A与B没有连接，必定吃大亏。

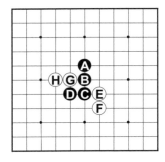

图 4-1

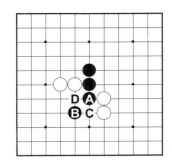

图 4-2

写程序的人必须把这个知识写进去，最简洁的方式应该是"当同方两个棋子共有两个空点时，视其为连接"。

如图4-3所示，这个定义在此图非常完美，黑1、A、B三子是紧紧连在一起的。

但如果是图4-4的话，问题就来了：黑1往这边尖的话，白2挤，会出现C位、D位两个断点，白棋必得其一，要是判断黑1、A、B是已连接的，可就糟了。

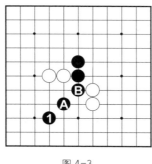

图 4-3

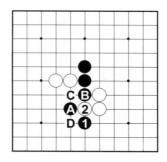

图 4-4

当然就这个棋形的话，追加定义可以解决，但那个定义又会导致别的棋形没有被涵盖到，而定义太过慎重，又必然造成其他误判，引发更大的副作用；当场计算该棋形是否连接，可能是最好的方法，但棋盘上到处有这样的棋形，而且会互相影响，光是确认棋子的连接，就让机器累死了。

何况连接只是最基本的认知，其他如死活等有无数必须分析的条件。总之，围棋因为没有"王"，又无法从棋子本身得到信息，使其评估函数的准确性大大低于其他游戏。直到2005年出现了使用"蒙特卡洛法"的软件，让评估的问题得到很大的突破。

三、 2006—2015 年 蒙特卡洛时代

2006年第十一届计算机奥林匹克九路盘的冠军，由法国统计学者雷米。

柯龙制作的疯石获得，震撼了围棋软件界，原因是它的评估函数是使用"蒙特卡洛法"得到的。当各界还在怀疑这个算法是否只能用在九路盘时，疯石马上在2007年第一届UCE杯的十九路盘比赛再度夺冠，大家才察觉新的时代已经来临了！

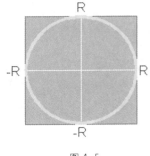

图 4-5

（一）蒙特卡洛法

何谓蒙特卡洛法？它的正式名称是"蒙特卡洛方法"，也是本来就已经被确认的方法。简单来说，它是指计算机做多次仿真后，以其数据作为答案。

常被用来说明蒙特卡洛法的是圆周率的演算：

如图4-5所示，在正方形上画接边的圆。

如图4-6所示，用随机数把点打在四角里，也会有一部分是在圆外。圆内点数82，圆外点数18，圆周率模拟值＝3.28。取样不多的话，会有偏差。

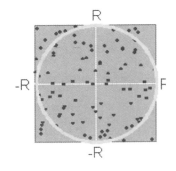

图 4-6

如图4-7所示，圆内点数785，圆外点数215，圆周率模拟值＝3.14。模拟够多的话，结果就会接近正确数字。

圆周率大家都知道，说不定觉得没什么了不

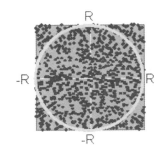

图 4-7

疯石作者、法国统计学教授雷米·柯龙

起，如果对象是大家都不知道的东西，这样试一试就能知道答案，那岂不是很厉害！

围棋软件如何利用蒙特卡洛法呢？乍看之下也许是不太聪明的方法，它是从现在的局面，让程序"随机"地"试下模拟（Rool Out，简称'模拟'）"到终局，这样它就可以从结果取得一个胜或败的数据。做很多次仿真之后，软件根据这些数据，就能选择结果最好的一手。

为何说乍看不太聪明？因为围棋就算是接近终局的局面，要"仿真"到程序能认识的"完全终局"也需要一百多手，平均到终局需要两三百手。花这么大的力气，才仅仅得到一个数据，真是不太聪明。

一般而言，局面越是有利，模拟的得胜率会越高，用计算机庞大的计算力做足够多次的模拟，其得出的胜率就能评估局面的好坏与最有利的次一手。蒙特卡洛法就是，将随机试下模拟所得到的胜率作为评估函数。令很多人意外的是，其正确性明显高过其他方法。

如前所述，围棋被归类为"完美信息游戏"，也就是说它与扑克不同，没有随机性，一着棋是好棋或坏棋是不会"随机"而改变的。除了疯石的作者雷米·柯龙，没有人相信围棋跟"随机"有关，当然也不会觉得蒙特卡洛法可行，愿意花大力气去尝试。

其实1993年就有论文讨论过用蒙特卡洛法下围棋，但当时的计算机能力太低，无法做充分的模拟，也未能获得有意义的结果；但到了2006年时，计算机计算能力比1993年高了成千上万倍，疯石得以用蒙特卡洛法得到的优质评估函数，为计算机围棋带来很大的突破。

研究"完美信息游戏"的目的，当然是想找出最好的答案，大部分的人都是这么想的。蒙特卡洛是依赖概率的手法，本来就只想得到"近似解"，而没有要达到"正解"，对于追求围棋正解的人，使用蒙特卡洛法，乃是迫不得已的权宜之计。

但"不追求正解"和我的围棋观是一致的，我认为不追求正解，或是以没有正解的前提思考围棋，正是现在围棋界缺少的观点，从这个观点发展出来的一切，应该有助于围棋界的发展，所以我非常欢迎"蒙特卡洛围棋"。

最新的脑科学研究发现，人脑的活动与"贝氏网络（Bayesian network）"很相似，贝氏网络就是将因果关系用概率去记述的模式，用概率去理解围棋，对人类原本就是很自然的。

雷米·柯龙除了引进蒙特卡洛法，还将搜索方法改良成适合围棋的"树搜索"方式，建立了MCTS（Monte Carlo Tree Search，蒙特卡洛树搜索）的围棋软件基本机制，2007年以后，几乎所有的围棋软件，包括AlphaGo都采用MCTS。

（二）MCTS

MCTS的机制，简单而言有下面四个步骤：

（1）轮到自己下时，程序会先按照"有望度"的顺序提出十个前后的"候补手"。

（2）依有望度的顺序，按照既定公式的方法，为各"候补手"做模拟。

（3）以其结果进行树搜索，一边搜索一边继续做模拟，以取得新搜索局面的评价函数。

（4）考虑时间到了，程序就会给出当下最佳的答案。

平常说明"蒙特卡洛围棋"都是说"选择胜率最高的着手"，实际上，现在大部分软件是用"树搜索里模拟次数最多的着手"，两边结果几乎一样，但选择后者比较稳定。

MCTS什么都没教的话只有十五级棋力，也可说居然有十五级（最老的围棋软件是三十八级），这是婴儿刚生出来什么都不懂得的状态，必须用很多方法去加强。最重要的是提高仿真的质量，仿真的棋力越高，评估的正确性也会越高。提高模拟的棋力主要靠机器学习，学习大量棋谱的棋形，让它依实际棋谱棋形的概率去着手，因为必须做天文数字次数的模拟，模拟的每一手不能让它花太多计算成本，只能教它一些简单的东西。

步骤（1）里的提示候补手也很重要，必须先教计算机一些围棋基本知识，也必须作机器学习（非深层学习），学习大量棋谱，但什么算是"基本知识"，或机器学习要从棋谱学习什么"特征"，则必须自定义。

因为同为机器提示的着手，有时会将模拟的着手与真正的着手混为一谈，模拟的着手只遵循比较简单的规则，而从候补手选出来的真正着手，是经过很大的工程筛选的，必须注意两者是完全不一样的。

围棋软件进入MCTS时代，因为机器学习占的比重越来越大，不太需要软件开发者本身的棋力，加上疯石等一些软件开放原始码可供参考，加入围棋软件开发的人变多，也开始热闹起来。

让我介绍其中一位比较特别的软件开发者——山下宏，他所开发的软件是

Aya（彩），也曾经是商用软件的思索引擎，Aya在UEC杯等软件比赛中常是第三名，算是追赶疯石与Zen的第一软件。

将棋、围棋双栖一流软件开发者——山下宏

这位山下最有意思的是，他同时也是日本将棋软件YSS的开发者，YSS水平比围棋更高，打败过职业棋手数次，是一流将棋软件，这么高水平的两栖开发者，全世界只有山下。

虽然YSS比Aya强，但山下看来对围棋比较有兴趣，他说："大概是因为围棋比较难吧！"或许对他而言，围棋更有挑战性。

山下到现在还非常热心，计算机围棋的研究会每场必到，Aya也率先引进深层学习，算是围棋开发者里的理论派。我的计算机围棋老师周政纬收我为徒弟的时候，就给我一本山下的书《计算机围棋的理论与实践》，说："先读了这个再说！"我在日本时，有不懂的地方也常请教山下，他每次都不吝赐教。

MCTS经过各种加强，让计算机与人的差距从九子以上，在五年内进步到四子，也证明了MCTS机制本身的潜力。

2012年UEC杯冠军Zen，与武宫正树九段进行让四子的测试赛，Zen下了一盘非常漂亮的棋。

武宫正树九段可说是围棋世界最有人气的棋手，他的棋风特别，被称为"宇宙流"，比其他棋手更重视中央，这时计算机软件与一流棋手以四子对弈，本身是很大的挑战。

如图4-8所示，黑1挂，也可说是一种"肩"，是从来没有人下过的手法，此后黑9又肩！可以看出蒙特卡洛法是喜欢肩的手法，若是人类，会在左边白棋二子之间打入。

如图4-9所示，实战中白1后黑2冲断，演变至黑8，一样隔开左边白棋二子，肩的手段常是很有效的。

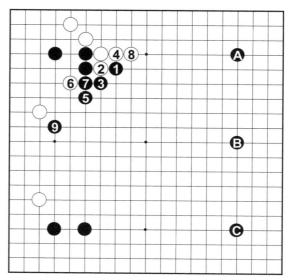

图 4-8

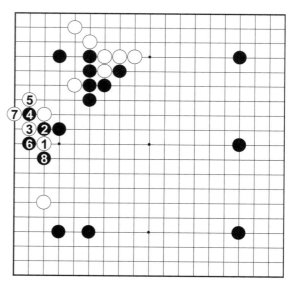

图 4-9

此后，如图4-10所示，Zen将左上的黑棋块大方舍弃，若是普通的四子局，这样的亏损后，黑棋不太可能获胜，但在局面领先的情况下，舍弃弱块回避风险，是蒙特卡洛法的基本战略。黑棋舍弃左上变得一身轻后开始发力，黑1、3、5的攻法，看了本书先前介绍的DeepZenGo对局的读者，大概会有似曾相识的感觉。

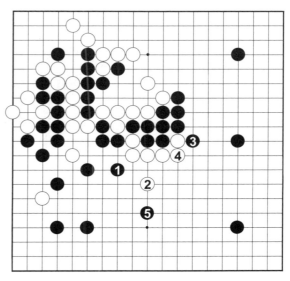

图4-10

如图4-11所示，白1、3时，黑4是局面急所，一边扩大右边，一边威胁白棋A位的断点，这着棋也显示了蒙特卡洛法的"天分"，白5补断，黑6、8正好围住右边。

如图4-12所示，白1时，黑2脱先下左上角，又

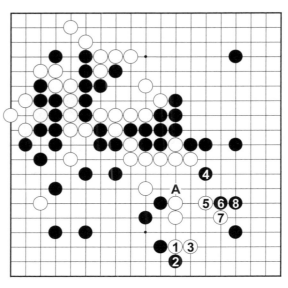

图4-11

是一着漂亮回避，这手棒极了！在得到攻击效果的此刻，转身取地合情合理，要是人类，可能会在下边继续缠斗。白3冲出，虽然白棋局部有利，黑4、6先手后回补黑8，局面已无可争之处，此后Zen保持优势，获得大胜，Zen进入攻击后进退有序，把蒙特卡洛法的光明面展现无遗。

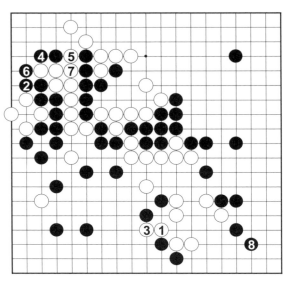

图 4-12

2012年的这一局也感动了2015年UEC杯亚军——韩国"石子旋风"（DolBaram）的作者林在范先生，让他决心着手开发围棋AI。韩国棋院于2017年起要进军围棋AI，可能是以"石子旋风"为基础。

围棋软件终于找到了蒙

韩国棋院宣布参战，将与"石子旋风"的开发者林在范尽力打造韩国制的围棋 AI

特卡洛法这个进击之钥，此后的进步无可限量，这盘棋Zen的表现，带给围棋软件界这样的氛围。但世事难料，比起初时的神速进步，从2012年此局之后，蒙特卡洛围棋没有明显的进展，遭遇到很大的瓶颈。

（三）MCTS的弱点

蒙特卡洛法是双刃剑，它的长处是能从全局的观点评估局面，这个做法符合围棋的特性，但这也成为它的弱点，因为它只有全局观点，无法仔细分析局部问题，有时围棋需要对局部做正确认识后，再来评估全局，就像大型连锁店虽需对全体市场做评估，也须对各分店的区域供需及收支情况掌握清楚。

原本开发者们觉得这个问题可以靠时间解决，却一直找不到方法。这乃是MCTS原理本身的问题，硬要程序去注意局部，等于叫它将最大的武器——"不时用全局去评估"缴械。

2013年UEC杯冠军疯石与日本业余高手多贺文吾的表演赛，很清楚地显示了MCTS的弱点。

如图4-13所示，这局是疯石以平手挑战多贺文吾的形式，疯石持黑棋。黑1拆并不是大棋，此后还悠哉地黑5提让白6点角，左上黑棋块被吃，但疯石似乎面不改色，因为上边白棋的大龙（大棋块的术语）与黑棋形成攻杀，疯石认为黑棋已经吃掉白棋，所以黑1、5拼命补强包围白棋大龙的黑棋墙壁，因为只要黑墙有好好

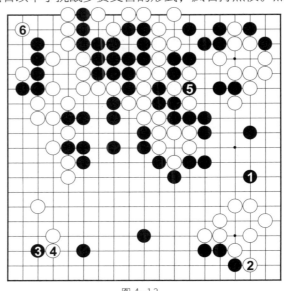

图4-13

围住白龙，黑棋就能赢。

实际的攻杀是什么情形呢？我们也模拟看看。如图4-14所示，从黑棋先下好了，黑棋无法从里面吃白棋，需从外面黑1以下一步一步紧白龙的气，白棋也需从白2、4粘起来后，才能白6进子，这样互下的结果，白棋在还有两气（上边二路与中央，白棋还有两个空点没有被包围）的情形下，就能白8提取黑棋大块。

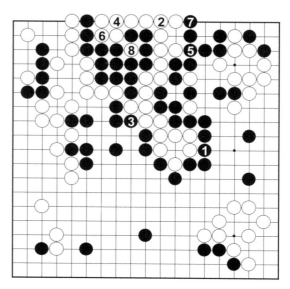

图 4-14

原来上边的攻杀由黑棋先下，黑棋也难逃被吃的命运，疯石觉得黑棋可以吃白棋，是完全搞错了，而黑棋要是上边被吃，这局棋便完全无法挽回，根本不用再下下去了。

蒙特卡洛围棋对未来的判断完全靠自己的模拟，而模拟只是从着手周围的棋形来选择，因黑棋无法自己从6去叫吃，白棋白2、4在局部棋形，是下到自己棋子里面的坏棋，被模拟选择的机会非常低。如图，需白2、4、6用概率超低的手段，"用一定的顺序"去吃黑棋，如此模拟结果的可能性很低，几乎不会出现，就算出现了也会被认为是无数模拟中的"杂音"，不会被认为"原来真相是如此"。

如图4-15所示，模拟中出现的全是如白2冲以外A至D等的"正常手法"，最后无可奈何地白4叫吃后被黑5提掉。

如图4-16所示，实战下到黑25，疯石由作者雷米·柯龙做操盘手投降，一般投降是在该自己下的时候，黑棋下黑25后投降，也显示出作者"实在是看不下去"的窘境。

这样的情形并不特别，2016年电圣战，UEC亚军——脸书（FaceBook）"黑暗森林(Dark Forest)"对小林光一的三子局，也是因为"黑暗森林"误判攻杀，而由开发者田渊栋做操盘手投降。

死活与攻杀时，因为意义特殊，棋形与下法会与一

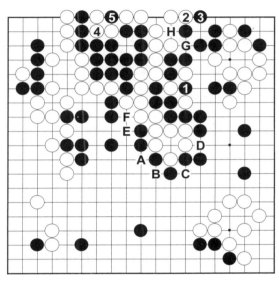

图 4-15

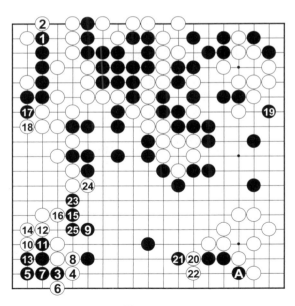

图 4-16

173

般情况不一样，人类对这个"不一样"的辨认不费吹灰之力，但局部与全局要用程序语言去定义，让程序能分辨，则无法做到。

"蒙特卡洛法"的弱点显现在棋局的情况大致是以下三种：

（1）复杂的死活与攻杀看不清楚。棋局手数越少，看不清楚的程度越大。这就是上述的死活与攻杀的问题。

（2）后盘需要漫长手数算棋的局面容易失误。和①有关，因程序无法针对一个问题模拟，让搜索深度无法很深，如2017年大阪WGC时的DeepZenGo，到最后形势接近时，需要一连串正确的官子，就有可能出现问题。

（3）在局面稍劣时，不会忍耐以等待机会。胜率低于50％，就会因"水平线效果"，逃避现实自暴自弃，失去逆转机会。为了避免这个现象，软件大多先自动提高自己的胜率让程序"安心"，但这只是治标不治本。

自蒙特卡洛围棋诞生，过了十年，这些问题还一直没办法解决。要突破2012年以来的瓶颈，必须从克服这些弱点下手，这也是围棋软件界共同的认识。有的专家还认为，此后要胜过人类所必须走的路，远超出于至今已走过的。

四、2016 年以后　围棋 AI 时代

AlphaGo击败李世石，让围棋软件进阶到AI时代。

首先必须再次说明的是，AI（人工智能）是指由人工制造的程序等所表现出来的智慧与能力，若认为下棋这个行为与智慧能力有关，那么所有的围棋软件本来就是AI。

但社会对围棋软件冠以"围棋AI"的名字，是在AlphaGo之后，其他

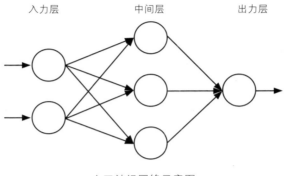

入力层　　　中间层　　　出力层

人工神经网络示意图

使用"AI"这个字眼时，也是以加入深层学习等新技术的情形为对象，若将AlphaGo之前的软件也称为"围棋AI"，恐怕会增加混乱，因此本书的区分是将已加入深层学习技术的围棋软件称为"围棋AI"，请读者见谅。

（一）深层学习

为围棋软件带来重大突破的"深层学习"，也是现在最热门的新技术。深层学习有很多种，最近被关注的是多层级网络这种类型，也就是将多层的"人工神经网络"叠在一起使用。

"人工神经网络"是模仿人类脑神经结构的计算模式，比起既有模式能柔软地适应各种输入信息，得到比较好的解。

深层学习是将人工神经网络重叠很多层的学习系统，像AlphaGo是以十三层人工神经网络系统构成的。

到目前为止的机器学习，是必须告诉它要学习哪些特征，计算机才会针对那些特征学习。深层学习则什么都无须告诉它，它就会自己寻找特征，得到它自己的认识。深层学习比起既有的机器学习，很擅长学会较具感性、抽象性的

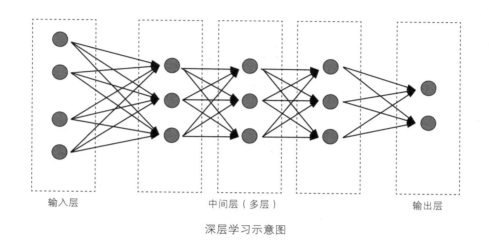

输入层　　　　　　　中间层（多层）　　　　　　输出层

深层学习示意图

东西，正好弥补至今计算机比较不擅长的领域。

　　深层学习最大的特点是自己具有判断能力，这个判断能力虽非全面性的，只能发挥在指定的对象上，但和其他技术比起来，却有决定性的不同：新技术如计算器、网络、3D浮空投影等，对人而言都还是媒介与工具的角色，深层学习则超出了这个范围。

（二）AlphaGo的机制

　　AlphaGo的机制，其内容几乎都发表在2016年1月28日《自然（Nature）》杂志上，深层学习与庞大硬件的紧密配合让专家、软件开发者们叹为观止。论文发表后，专家、学者通常会再验证，但对AlphaGo的论文，大家只能摇摇头说"谁拥有那么多硬件呢？"根本无能为力。

　　之后，包括日本的Zen、Aya等世界各国的围棋软件，都火速依照AlphaGo论文的方法，加入深层学习进行实验，结果软件的等级分全部上升，AlphaGo机制的有用性是无可置疑的。

AlphaGo在MCTS上建构了两个网络，先让程序深层学习数万个棋谱，建构了策略网络（policy network），基本上是负责步骤1的提示候补手。其后作自我对战三千万局，学习局面判断，建构了价值网络（value network），能直接判断局面，类似评估函数。

简单而言，在对局时，AlphaGo的策略网络先提供优质的候补手，然后将价值网络的判断与蒙特卡洛法的结果，各取一半作为局面的评估函数。

策略网络与价值网络带来什么样的效果呢？很明显的就有三个：

1. 棋形的优美度增加

棋形的优美是高效率的呈现，经过深层学习的策略网络所提示的候补手，平均质量会大大提高，加入深层学习后的围棋AI，如DeepZenGo等，棋形有明显改善，当然着手的强度也大幅上升。

2. 着手的稳定度向上

MCTS的评估值因为是随机的模拟所产生的，有时会出现不稳定的结果，价值网络提供静态的正确评估，让全体评估值的稳定度提升，着手也随之容易维持稳定的水平。

3. 算棋的层次加深

仿真本需做到最后才能得到数据，但因为有价值网络直接判断，在胜负已定的局面就可以下结论中止模拟，节省模拟与搜索的力气，让程序可以算得更深、更准。此外，策略网络也能提供对方的优质应手，不用花力气去算不值得考虑的变化。

可能有人会问，既然价值网络可以提供评估函数，为何还需要蒙特卡洛法的数据？这是因为价值网络是静态评估，对一些必须计算的地方，如死活与攻杀，还是需要由模拟去得到进一步的信息。有AI尝试过只用价值网络去下棋，结果比价值网络和蒙特卡洛法各占一半的机制弱很多，蒙特卡洛法虽是"老花眼"，但还是有用处的。

但以后是否会维持这样的机制就很难说，开发深层学习的哈萨比斯自己是国际象棋高手，我猜他不会那么喜欢随机的蒙特卡洛法，要是发现其他比较好的方法，随时有可能会更改。

建构了这个机制之后，AlphaGo还不停地做自我对战训练，这是DeepMind最拿手的技术，也提升了不少棋力。

（三）怀着缺点飞越人类

最让我无法释然的是，AlphaGo的机制与所谓MCTS的弱点，居然没有直接的关系。策略网络与价值网络提供了优质的候补手与评估函数，并巧妙运用，但局部与整体无法分辨的问题并没解决，劣势时逃避现实的性格也未改，这一点从AlphaGo的"神之一手"与DeepZenGo的各种状况都可以看得出来。

人类本来认为算棋是围棋的最基本技术，棋力越高算棋就越重要，我们称赞下棋很厉害的人是"神算"，AlphaGo无法分辨局部与整体，也无法如人一样准确算棋，却怀着这样的缺点赢过李世石，这样的事若不是已真正发生，实在让人无法想象。

我们只知道围棋的"百中之六"这句话在此应验，围棋拥有远超过人类认知的宽广的空间，让AI绕过自己的缺点，还跑在我们的前面，就像棒球捕手拿着球将要刺杀奔回本垒的跑者，结果跑者纵身一跳，跃过补手轻松得分，补手拿着球自问："到底发生了什么事？"

（四）围棋AI界的MVP（最有价值球员）

有人说，实现这次大突破的两个武器——深层学习与自我对战学习都是既有的技术，所以AlphaGo并没有什么了不起。但事实上，AI的目标一直是围棋，而只有DeepMind的哈萨比斯才有这个慧眼与能力，知道往这个方向发展会有结果。

但这个结果当然不是哈萨比斯一人的功劳，而是所有围棋软件开发者长年心血的集大成。直接做出贡献的人员之一是中国台湾出生的黄士杰博士，AlphaGo是架构在他的围棋软件"Erica"上面的，所以他在AlphaGo对李世石战时，担任操机手并面对李世石实际摆棋子，Master的六十连胜，也是由他一手一手对照主机去输入的，还有两次输入错误，幸好没有影响输赢。

围棋AI超越人类，要是办MVP投票的话，还是哈萨比斯会被选出来吧？但我可能会投雷米·柯龙一票，不只MCTS是他建立的，"Erica"的开发期间与疯石也有交流，可说AlphaGo里面有很多疯石的基因，但最大的原因还是我个人很喜欢蒙特卡洛围棋。

（五）围棋AI的弱点

围棋AI没有弱点吗？世间当然没有完美的东西，围棋AI也有很多有待改进的地方，但人类眼里"缺点"的标准是否能直接用在AI上，有时也必须审慎思考。

除了局部与整体的问题之外，首先让人想起的还是"神之一手"，当时的真相其实是如此：围棋因为棋子不会移动，所以AI会把以前算过的变化储存起来，棋形没变的地方，往后也可重复使用；另外，人类在重要局面会正襟危坐，多想一些，但AI没有"重要局面"的概念，所有着手必在设定的时间以内落子。

DeepMind在"神之一手"后表示"AlphaGo没有料想到这一着！"。乍听之下，或许不太懂，计算机是一手一手重新计算，没有料想到这一着，和此后方寸大乱有什么相干呢？因为"没有料想到"，所以AlphaGo没有储存关于这一手的计算，结果对"神之一手"，计算还没充分补完，设定的时间等就已经符合落子的条件，AlphaGo在没有算好的情况就被决定次一手，导致败局。

此后听说AlphaGo调整程序，在自己计算不充分的情形下，会延长考虑时间。但最近哈萨比斯演讲时表示，针对"神之一手"问题，AlphaGo会采用"敌对性学习"这个新技术来解决。AlphaGo的目的是开发技术，看起来"延长考虑时间"这种对症下药的做法只是临时措施。

虽是小问题，AI不认识"地"的问题，还有待改善，如ＷＧＣ时的DeepZenGo，在比目（地）法规则时，会出现漏洞。我觉得Master似乎大致获得解决，但至今没有正式宣告。

还有一个有趣的观点：围棋本是结果有比数的游戏，如黑三目半胜等，但现今的所有比赛都只比胜负，比数与实质完全无关，要是有将比数加入副分，这样的赛制，会是什么样的情形呢？

当初雷米·柯龙尝试做MCTS时，一开始想当然地将程序目标定为"追求最高比分"，结果不尽理想，将目标改为"追求最高胜率"后，棋力才开始突飞猛进。

加入比分结果的赛制，会不会让情况有所变化呢？我的预测是——只会让人类更加头痛而已！

（六）围棋ＡＩ今后趋势

今后围棋AI会如何进展呢？从2017年第十届UEC可以看出今后的趋势，在这里回顾一下。

这次参加的二十九个软件里，中国台湾有"台湾东华大学"颜士净教授的新作TAROGO，"台湾交通大学"吴毅成教授的CGIGO，此外"神之一手"与"促织"也是中国台湾制的软件。

UEC中，中国台湾有"台湾东华大学"颜士净教授（左）的新作TAROGO，"台湾交通大学"吴毅成教授（右）的CGIGO参加（王铭琬摄影）

"台湾交通大学"CGIGO是深层学习起跑最快的集团之一，已具职业棋手水平，是很受瞩目的新生代软件，CGIGO在八强对上DeepZenGo，由CGIGO执白棋。

如图4-17所示，这个局面我觉得白棋还蛮有希望，可是白1、3全力拉出左边白子，孤注白子能否逃生，有点太"重"了，"杀龙"本来就是DeepZenGo的强项，白子终于无法摆脱黑棋的包围。

白1要是下A位，黑B、白C这样可逃可弃的手法，右下角还有D位断的反击，就会很有希望。这盘棋显示CGIGO其实与DeepZenGo并没有很大的差距。

四强的组合是：绝艺对Rayn，DeepZenGo对AQ。让人眼前一亮，怎么老牌的疯石、Aya都被淘汰了！Rayn与AQ都有深层学习技术，特别是AQ，在半决赛一度让DeepZenGo陷入险境，搞得日方大捏冷汗。DeepZenGo在此次比赛之后，马上要参加大阪的人机混合顶尖赛事WGC，要是在UEC打不进决赛的话会有点尴尬。

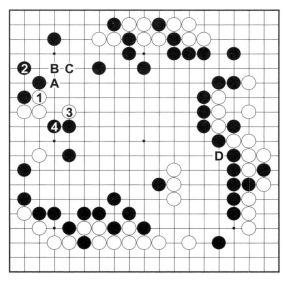

图 4-17

　　AQ是山口佑一个人研发的软件，他不会下棋，连程序的"双活"规则都写错，但起跑半年就达到这个水平，打破了围棋软件界的常识。至今大家也都还认为，要引进深层学习训练，也需要有高水平的软件来做基础，如AlphaGo有Erica，DeepZenGo有Zen，没有任何垫底软件的AQ进步神速，超乎大家想象。

　　AQ的模拟内容颇为简陋，但山口佑这次志在必得，比赛期间租了比DeepZenGo大好几倍的硬件，拼出让人跌破眼镜的结果。赛后山口透露，他在深层学习过程有独创的技术，看来对深层学习的功力是目前围棋软件的关键，或许也是老牌软件式微的原因。

　　从AQ的快速进步感到，深层学习本身才刚开始，可以改进的地方可能很多。原本AlphaGo的突破并非只靠深层学习，而是加上自我对战学习与原有技术MCTS的紧密配合，如前面提到的"敌对性学习"，虽效果有待观察，但技术的结合随时可能带来新局面。

UEC杯比赛乃由日本电通大学主办，以学术研究为目的，领导了计算机围棋发展十年，也对AlphaGo的突破做了贡献。不过此后围棋AI的开发，需要大规模的资金与众多专业人才，已经超越了当初学术研究的范畴。2017年3月，热烈的比赛告一段落后，将由日本围棋将棋频道继续接手主办。

UEC杯从，2007年办到2017年，正好为蒙特卡洛法做了完整的见证，UEC杯的传统是互相研究与学习，比赛从未因争胜而有任何纠纷，田园牧歌式融洽气氛的UEC杯将不再，令人惋惜万分。

日本围棋将棋频道计划在2017年秋天先举办准备邀请赛，2018年后正式开赛。以中日顶尖软件为首，加上韩国棋院的猛追，必定会升级成高水平的赛事。

（七）围棋ＡＩ与"现在对手下哪里？"的迷思

如第三章所介绍，围棋AI各有各的个性与魅力，其实围棋AI的内在有一个决定个性的因素，就是"现在对手下哪里？"。

由于围棋是"完美信息游戏"，所有的信息摊开在棋盘，要思考次一手，理应观察棋盘即可，与现在"对手下哪里"无关。但看棋的人第一句问的，大

2016 年 3 月我与 Facebook 的围棋 AI "黑暗森林"总监田渊栋（左）合影

概都是"前面那手是下哪里？"而AlphaGo学习棋谱，不只学对方的前一手，到前十手都纳入学习范围，对人而言"现在对手下哪里"是最重要信息，对程序而言也是如此。

虽说是最重要信息，但有如何去处理的问题，人下棋有时被形容"总是跟在对手附近下"，这是很实际的方法，因为对手的着手常有接下来的意图，在附近应对比较不会出错，但老是这样会变成被对方牵着鼻子走，失去主动权。

对"现在对手下哪里"要"理会到什么程度"，是围棋程序的一个大分歧点，影响候补手与模拟的过程甚多。蒙特卡洛时代初期，开放原始码供参考的疯石与"MOGO"可谓两个极端，疯石放眼全局，尽量不特别看待"现在对手下哪里"，而MOGO则优先看待"现在对手的着手附近"。

这样的结果让软件个性鲜明，"疯石系"的软件优于大局观，而"MOGO"系则擅长战斗，有新软件出现，一眼就看得出是"哪一系"的软件，MOGO后来式微，中间路线的Zen成为重视对方着手的代表。

2016年电圣战，UEC冠军DeepZenGo与亚军脸书（Facebook）的"黑暗森林（Dark Forest）"分别以三子局对名誉棋圣小林光一，"黑暗森林"可说是疯石系。因两方的深层学习都还浅，正好可以在高水平感觉出两边的下法。

如图4-18所示，DeepZenGo对名棋手小林光一，已被追赶得快要形势不明，但黑1以后缠住对方，下到黑23反而得利奠定优势。

如图4-19所示，"黑暗森林"对于白1打入，不与之缠斗，黑2、12、20、22与对手保持距离，尽量拖，先进军宽敞处，显现了优质的大局观。

现在所有AI必须先迁就深层学习所得到的认识，短期间AI的个性可能暂时

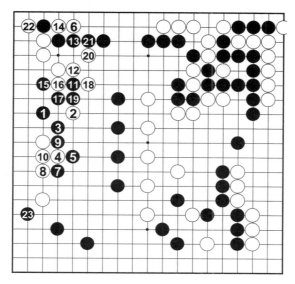

图 4-18

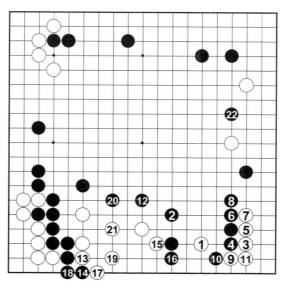

图 4-19

被覆盖，无法那么明显，但在模拟部分还是存在差异。

只要围棋没有被"完全解析"，对"现在对手下哪里"抱何种态度，永远是一个选择题，若将来实力伯仲的AI在高层次对战，这个问题说不定还会是关键。

当然其他因素也会对棋风有所影响。例如，疯石的雷米·柯龙因是统计学者，对程序尽量不加入人为的规定，形成疯石平稳的下法，而Zen的尾岛是天才程序员，大概忍不住要在程序上施展他的功力，让Zen喜欢攻击战斗，疯石与Zen迥异的棋风在蒙特卡洛时代后半数年间，演出不相上下的好戏，也是围棋既深奥又有趣的象征。

现在令人关心的是，"不学习棋谱版本"的围棋AI，传闻Google、腾讯都在进行中。将来说不定会出现很有个性的下法，因为不学习棋谱，比较容易受其他设定影响，因此"不学习棋谱版本"之间，可能又会有很大的差异。可以说，围棋AI的时代，才刚刚揭幕。

第五章
我的围棋 AI 梦

一、想象无限

我的弟弟郑铭瑝也是职业棋手九段，同时是围棋软件开发者。十几年前，他开发的程序成为市面上的畅销软件。因为他的关系，我对围棋软件很早就有基本认识。

十年前我跟他聊天时，第一次听到"蒙特卡洛法"，才知道居然可以用这种方法拿到围棋程序比赛冠军，听完说明，我心里觉得很合理。

不久之后，就有获得冠军的软件疯石与日本棋手的对弈活动，并请我做现场讲解。对局后，还有日本学者与软件开发者们的座谈会，会中有一个词语着着实实地打动了我，简直跟我一拍即合，那就是——想象无限。

"蒙特卡洛法"是对于有无限多可能性的对象，进行多次的模拟，逐渐获得近似值的方法。所以围棋的变化虽然有限，只要能"想象成无限"，用蒙特卡洛法也是天经地义。

大约从二十年前开始，我为自己下棋立下了一个前提，即以"围棋的变化是无限的"作为思考的出发点，当不知该怎么下的时候，有时也会用"概率"的想法作为着手的依据。不过，这样的下法，从围棋正统想法来说，可说是"邪道"。

围棋的目标是追求真理，一着棋不是好棋就是坏棋，就算现在搞不清楚，总有一天要将它搞清楚。职业棋手志之所在，就是找出最好的一着棋，对与不对之间不该有模糊，也没有概率存在的空间。

但是以我的能力而言，围棋实在太难了，我很清楚地认识到，我一辈子都不可能搞清楚，自己想下的棋到底是好棋还是坏棋。所以我只好想办法，假定围棋的变化是无限的，这样什么是"最好的一着棋"——"正解"将无从证明，只要自我界定围棋是"变化无限"，就可以暂且闪避必须下正解的义务。事实上，围棋的变化是有限的，蒙特卡洛法的"想象无限"的说明，恰恰就是说明我自己方法的字眼。

把围棋的变化当作无限来看待，我本来觉得只是自己的逃避手段，当知道将这种方法运用于程序，还能得到突破时，我惊喜交加。虽说这可能只是"想象无限"这个语汇在字面上的一致，但我觉得好像遇到同路人了。当时计算机围棋距离人还有七子差距，我突然领悟到，说不定我的围棋知识，对提升软件的棋力会有所贡献。

从那时候起，我开始在围棋软件国际赛如UEC杯等担任讲解与裁判，积极参加计算机围棋活动。我不只看了很多软件对局，也与开发者们做了很多的交流。

我甚至一有机会就会释方出"求爱动作"，表示"要是我的围棋知识对软件有帮助，请随时吩咐"，可是几年来，没有人对我有任何回应。

初始的围棋软件，什么都必须从头教起，作者的棋力和软件有直接的关系，蒙特卡洛方法出现以后，这个关系逐渐消失了，几乎所有的软件棋力，都胜过创作该软件的作者本人的棋力。疯石作者雷米·柯龙，只有日本业余初段棋力，也许因为这样，他们认为开发本身并不需要很高的棋力，才会对我的

"求爱"没有反应。此外，软件开发者或许也会认为跟职业棋手作相关的沟通太费事，自己埋头搞比较有效率吧！

一般而言，计算机软件是以打败人类的"Xday"为目标，对整体作者而言，职业棋手是必须打倒的对象，听听职业棋手对于软件的评语是很欢迎的，可是要跟职业棋手一起研发，完全不是选项。

二、GOTREND

虽说没人理会，我还是有不想放弃的理由！一方面是我对蒙特卡洛法的关心依然未减；另一方面是从五年前，即第四章所介绍Zen与武宫正树之战后，蒙特卡洛围棋进入停滞期，因为顶尖软件的水平没有提升，被疯石与Zen二强之后的软件开始赶上。眼看就要形成一个集团，只要有什么小突破，任何软件都会有夺冠的机会。

其实，我一开始就对蒙特卡洛方法的利用过程有意见，因为软件的仿真内容是，试着以自己处理衡量过的二三百手把一局下完，才仅仅得到一个输或赢的数据。实战的每一着棋都是经过数以万局、

2015年3月，我与趋势团队及以ColdMilk参赛的周政纬（左三）在UEC比赛现场

百万局计的模拟所产生的，这些模拟棋谱本身都被舍弃。我觉得大量的模拟棋谱就像宝山，其中隐藏着贵重的意义，只要用我的围棋知识把它抽取出来，很可能具有提升棋力的效果。

要是自己的想法能在程序上展现出来，加入我的围棋观的软件会有拿到世界冠军的可能——说实话，我是做着这样的梦。

不过，做梦归做梦，现实中没人理我的话，什么戏都唱不出来。就在我快死心的时候，有一次，我陪妻子到花莲"台湾东华大学"演讲。等候她时，我在校园乱逛，居然发现有间教室门上贴着"计算机围棋教室"的海报，就鼓起勇气推门进去，正好看到周政纬在指导后进制作围棋程序。

周政纬认得我，我出其不意地在花莲出现，他立刻表现出热烈的欢迎，马上找指导教授颜士净回教室跟我会面。政纬年纪虽轻，却是UEC杯的老牌选手——软件ColdMilk的开发者，ColdMilk的名字，在日本的围棋软件界是无人不知的。颜老师更是世界围棋软件研究的泰斗。可惜当天妻子很赶行程，我们互换名片以后，就必须马上离开。我们虽几乎没时间交谈，却留下一个奇妙的缘分。

其后不久，我和我的小学同学，曾任思源营运长的邓琼森分隔三十年后重逢，谈起这件事，他也颇感兴趣，在我回台湾的时候，邓琼森做东把颜教授与政纬请来，讨论有没有合作的可能。

因为这份机缘，政纬答应让我拜他为师，先教我围棋软件的基本运作，以后的事再慢慢说。对我而言，天下没有比这个更美妙的事，我拉着政纬，逼他给我连续上了好几天课，回到日本后，也每个礼拜请他联机指导。

整个学习过程之中，处处体会到自己的无知，可是针对核心问题——我的想法是否有程序化的可能这个部分，我却感到有点希望，多少增强了信心。

过了不久，我应趋势科技共同创办人暨文化长陈怡蓁之邀到趋势科技演讲，董事长张明正（Steve Chang，我们都称他Steve）对我所提到的围棋软件的事，颇感兴趣。最厉害的是，过了一阵子，他忽然跟我说"要成立围棋软件团队了"。中国台湾本来就是计算机围棋先进地区，人才资源丰富，但IT人Steve的快速行动还是让我叹为观止。团队由颜教授领队，陈文铉担任程序设计，外加"趋势"员工Pacha、Ricky、Ted、Charles四人助阵，我则以技术顾问的身份参加。可惜政纬因为研究的关系，无法一起行动，文铉原本就是游戏软件作者，Ricky、Ted、 Charles都是程序高手，围棋高手的Pacha当然也精通计算机，也是对团队的协调沟通最有功劳的人。

2014年10月，围棋软件团队GoTrend正式起跑。Steve的想法基本上是"好玩、让中国台湾走出去"，而最重要的是技术的独创性，这自然也是所有队员的共识，没有新技术，不可能超越疯石与Zen的双峰，何况开发新技术本来就是最美妙的梦想。

GoTrend比起别的围棋软件开发团队，最大特色是团队成员的围棋棋力高强，颜教授、文铉都是业余一流棋手，Pacha原本还是职业棋手院生，有职业棋手来担任技术顾问、参与程序设计，应该是第一次。在MCTS的时代，团队棋力与软件棋力完全不相干，这个情况也是每一位成员都很清楚的。

我们暂且先把目标放在电圣战的出场上，因为电圣战是UEC杯前两名软件挑战职业棋手的表演赛，想要出场，必须战胜双峰之一。

不过要发展新技术也需要基础，先要有一个接近第一集团的软件，新技术才有得谈。团队决定先参加2015年UEC杯，让程序达到一个基本程度，MCTS

2015 年 3 月 UEC 杯，GoTrend 领队颜士净教授（左一）
跟当时还是 Zen 代表的加藤英树（右一）猜子

的缺点光是看得见的，就不胜枚举，在此期间正可凝聚团队共识，来决定从哪方面着手。

2015年3月，GoTrend参加第八届UEC杯。七人团队是UEC杯史上最多的，为了赶上这个比赛，文铉在颜教授的协力下全力赶工，实在辛苦，这个阶段我一点都帮不上忙，只在东京坐享其成。

最近几届UEC杯，一直请我当裁判，我这一年忽然以选手身份出场，实在如梦如幻，实际看到GoTrend正常运作，感动万分。进入比赛后，幸好因为观看计算机棋赛经验丰富，还算能很客观地观察GoTrend棋局，但好几次想对GoTrend超水平的演出拍手欢呼，碍于自己原本长年是UEC工作裁判，才勉强忍住。

比赛结果，我们得了第六名，这对开跑才几个月的GoTrend来说，是很令人满意的结果。在八强对Zen时，虽然败了下来，却没有感到追赶不上的差距，反而更加强了团队的信心。

赛程之间还接受了疯石与Aya的指导棋，作为围棋软件团队成员，这真是幸福满点的两天。

虽说完全是别人的血汗，拿到世界第六名还是让我有点飘飘然。即使在自己的本业，要拿全世界第六名也没那么容易，当时我认为，比起别的软件，

GoTrend团队人才齐全、资源丰富，进步一定比别人快，我对未来有无限可能的期许。

2015年UEC杯之后，一有机会我就尽量回台湾，和大家共商新技术的方向。我认为以GoTrend的棋力水平，差不多可以考虑做新的尝试了，我对大家

2015 年 GoTrend 得到 UEC 第六名奖状回到台北，我以外的团员与趋势科技董事长张明正（左三）合照

说明了几次，想以自己下棋的方法——"空压法"为基础，创新技术，但并未马上得到共识，主因是我自己不懂程序。另外，第一个门槛是我的想法是否能程序化，谁都没有把握；第二个门槛，就算程序化，是否真能带来软件棋力上升，连我自己都没有把握。

GoTrend该加强的地方还有一大堆，在没有把握的情况，放弃一切进度去孤注一掷，连我自己也说不出口。我想反正时间有的是，再多沟通一阵子，何况说不定会出现更厉害的想法与突破。

2015年5月，Ricky、Ted、Charles一起提案，征求大家要不要试一种叫作"深层学习"的技术？他们也提供由深层学习做棋谱预测对手落子位置的数据，数据显示深层学习的正确率能随着人工神经网络的层数增加而提高，第二层23％，第四层28％，到八层时可以达到32％，比当时围棋软件水平的20％高；其后还可以做增加层数、优化、增加棋谱等加强，有可能超过40％（AlphaGo是57％）。

我第一次听到"预测对手落子位置的正确率"这个名词，心里想：深层学

习是专学棋谱，蒙特卡洛可是用自己的机制在下棋，这又不是在围棋讲解会上猜下一手的落子位置，正确率有什么用？不会下棋的人还是很容易受骗！

由于围棋不是下一手就结束，而是要一连串的下法才能得到好的结果，围棋界喜欢办下一手的落子位置猜谜活动，但没有"正确率高就是棋力高"的想法。

别的棋手这么想还情有可原，我若这样想实在是不该有的错误，因为我自己是用概率下棋的，我自己写的书《新棋纪乐园》里面还花了十几页，专门说明在围棋里面概率是可以相信的。

下一手的落子位置正确率提高，不是表示它只会猜下一手，它的意义是对围棋看法的全面提升，比如候补手，不只第一顺位的候补手，第二位以下的候补手水平也会全面提高，这样的话棋力当然也会进步。概率不是单独和你打赌次一手对不对，而是在各种相互作用里，对全方位理解的表现。

专业的傲慢实在可怕，我自己就犯了这个错误。我当时没有想多去理解深层学习，只想赶快让自己的知识化为程序，因为我觉得那是"围棋技术"的结晶，一定是比较有用的。后来因另有改良既有的机器学习也能提高正确率的数据，深层学习的话题就暂时被我们搁下来。

"空压法""深层学习"都未启动，日子却一天一天过去，我倒是一点都不急，觉得有的是时间。

6月里有一天，Steve召集所有成员开会，开会前让大家先谈，自己在围棋AI是为了追求什么？这点，平时大家相处时自然都会提起，但聚起来讨论倒是第一次。一次听完大家心里的话实在过瘾，趋势的三位理所当然心在AI，而本来爱下棋的人还是以围棋为重。

这次聚会是因为Steve察觉围棋软件的整个形势步调加快，知道GoTrend达成共识引进新技术的任务刻不容缓，特别开会为大家"催生"。但当时的我完全无感，还说了什么"希望能借围棋来理解计算机不会做什么"；现在大家都知道当前情况正好相反，是"世界借围棋知道计算机会做什么"了，可惜那一天的会议还是没有得到什么结果。

2016 年 3 月，我与趋势团队（左起 Ricky、张明正、王铭琬、Pacha、Ted、Charles），在台北一同见证 AI 胜过人类的历史对局

围棋世界是没有时间问题的，数百年前黄龙士秀策下的好棋，到现在也还是好棋，我也会觉得自己在围棋上得到的领悟，不管在多远的未来都行得通。真正让我意识到"时间"的问题，只有在发现自己算棋越来越糊涂之时而已。

蒙特卡洛法该改进的地方还很多，此后的我一边想着固有的"局部与整体的辨认"问题，一边等着大家哪一天可能会开始想试试"空压法"。我对Google和Facebook有围棋团队在进行深层学习的消息虽有耳闻，却没觉得会厉害到哪去。要是我当时能从Steve分享到一点他的速度感，说不定GoTrend的结果会不一样，不过这些都是事后诸葛了。

人类本来觉得不会变的东西，进入AI时代就有随时间改变的可能，因此对人类而言，什么才是不能改变的价值？现在也是必须重新确认的时期。

一年多来在团队里的学习，对我是美好而兴奋的经历，更建立了和所有团队成员之间的信赖，GoTrend现在虽然暂时休兵，却是随时可以再启动的。

三、ownership（所有权）与 criticality（重要度）

就这样告别围棋AI的开发，我还是有一点舍不得，AlphaGo现在还在用蒙特卡洛法试下，每一手会留下以千万局计的无用棋谱，我现在仍然认为，自己对围棋的知识，应该可以帮AI活用这些棋谱。

开发围棋AI的人都很优秀，我想的事情大家早就想到了，蒙特卡洛法一开始就从试下棋谱取得各种"参数"，以供观察程序运作，其中与局面有关的两个重要参数是"所有权"与"重要度"，因为我有一段时间盯着接口看参数，接口的表示是ownership、criticality，本书就直接用这两个字。

（一）ownership

ownership是"模拟结果的平均值"，模拟到最后，空点必为一方所占，它的平均值也就是目前棋盘空间的情况。

如图5-1所示，这是AlphaGo对李世石第一局。白棋◎记号的ownership，将仿真终局时，各个点由何方占领的概率，直接显现在棋盘上。黑棋占有率很高的点用大四角显示，四角的大小显示占有率的高低，棋盘整体显示的就是双方的势力分布图。

这样的画面，会下棋的棋友可能在围棋软件表示"地"的接口看过，不过一般软件是机械性地就空点附近的棋子位置来判断，而这个

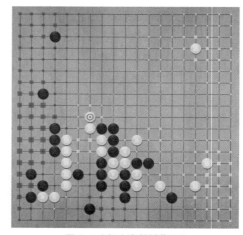

图 5-1（颜士净教授作图）

图是实际模拟的结果。意义虽不一样，但视觉效果不会差那么多，是围棋奇妙的地方。

必须注意的是，这是模拟的结果，而不是"现状"，显示的是包含次一手以后的结果。

如图5-2所示，此图该白棋下，所以结果会比现状对白棋稍微有利，右边同样是"星位"，周边空间所显示的有利度，右下角白棋比右上角黑棋大；此外，围棋常会让人觉得"最后着手的一方形势好"，ownership反而能加入次一手的因素来正确判断。

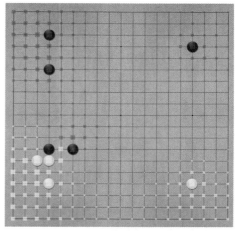

图 5-2（颜士净教授作图）

如图5-3所示，Master白棋的实战中，白1、3对黑棋"小目"的"小马步缔"肩冲，是吴清源老师二十年前就提倡的下法，但白7、9对星位小马步缔也立刻肩冲，吴老师可还没说过（说不定只是等大家领悟白1、3后再来说白7、9），因为白7、9可能让黑右上角变成"实地"，要不是Master这样下，职业棋手不敢这样构思。

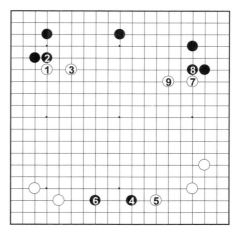

图 5-3

如图5-4所示，ownership显示的结果，让人感觉白棋全局状况确实不错，看了这图，说不定可以比较放心地下图5-3中白7、9的手法。

如图5-5所示，图5-1的实战到后半盘，可以看出ownership与"地"（所有权）越来越相近。如右下角，人类下的话，黑棋先投入白阵也可以净活，但接口显示白棋的有利度很大，可能是黑棋投入后，有一部分模拟是被白棋吃掉的。参数一开始的功能是为了观察程序，寻找必须改进的地方。

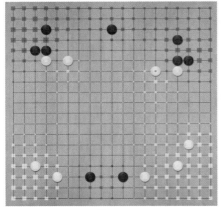

图 5-4
（GoTrend 提供，颜士净教授作图）

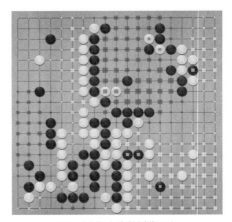

图 5-5（颜士净教授作图）

（二）criticality

criticality是"占据某点时，对胜率产生的影响度"。

如图5-6所示，这是方才说明ownership时介绍的局面，空点的数字越高，颜色越深，表示该点"对胜率产生的影响度"也越大，也就是棋局的"重要部位"；而无关紧要的点，不管哪一边下到，不会影响胜负，数字就很低；棋子

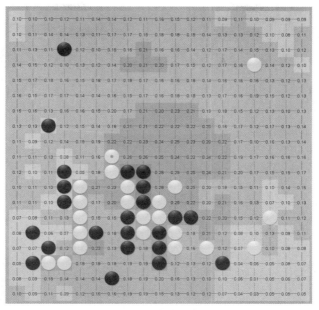

图 5-6（颜士净教授作图）

被吃掉，其点就会被对方占据，所以已经有棋子的点，本身也有criticality值，但此接口无法在棋子上显示数字。

这个局面，中央四子颜色最深，表示这四子会不会被吃是胜负关键，而四子附近数字特高，表示对双方而言，逃离或围吃是当务之急，此图的显示与人的认知相当一致。

如图5-7所示，这是"神之一手"局面的criticality，数值最高的是中间白二子，次为右边黑四子与上边白三子，程序理解中央二子是关键，这判断也很正确。后来的棋局发展告诉我们，事实上胜负取决于白棋能否突破黑棋中央防线，但那一带空间数字并没那么高，看起来软件是认为白棋无法突围，程序当然没有李世石那么厉害！

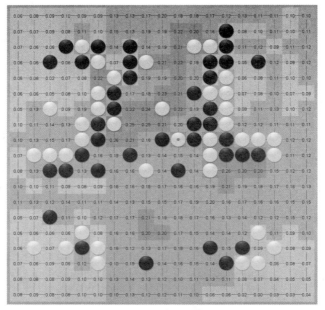

图 5-7（颜士净教授作图）

（三）ownership是"地"的指标

criticality显示"力"的方向。

"地"与"力"是围棋的两大要素，而整理程序仿真的数据，就能看见反映围棋本质的这两个参数。

参数本来是用来监视程序，但经过机器学习等加强训练后的模拟，棋力变强，参数的准确性也大大提高，使参数本身对软件具有参考价值。

因为这可能是关键技术，大家都不明说，我揣测近年疯石的着手有参考自己的ownership，而Zen也有利用criticality。

不只与前述的"现在对手下哪里？"有关，疯石下法稳定的部分因素，正是源自对ownership的利用；而Zen在中央扭杀缠斗时几乎不会出错的原因，可能有赖于对criticality的处理，这可能也是疯石与Zen不让二强地位的原因之一。

（四）第三参数"parameter"

在这一章前面我曾说明，我的围棋是以"变化是无限的"为前提，如此一来有两个好处：第一是因为变化无限，正解无从证明，所以不必刻意理会；第二，下了臭棋之后也因为无从证明，不用那么沮丧，实在非常方便。

一般的围棋知识是求更好，但若是变化无限的话，好坏的方向也会模糊，所以不借用现有的知识，只好另辟蹊径。个人能力有限，必须用最简单的方法下棋，我觉得围棋可以用两个观点可以去涵盖：

（1）棋子之间的位置关系——空；

（2）棋子之间的力量关系——压。

我就单纯地用这两个要素去下棋，因为出发点是"无限"，所以判断与推论就只好仰赖"概率"，这样的做法对我来说最自然，也最快乐。我将自己的下棋方法称为"空压法"，有兴趣的读者请看拙作《新棋纪乐园》。

说明空压法时，只好尽量站在现有的技术基础上，不会太多用"概率"两字，但掀开底牌就是这么一回事，我这样搞了二十年，很幸运能得到本因坊，也是拜空压法之赐。

不知只是偶然，还是必然，若将"空"与"压"的概念具象化，和ownership与criticality的概念非常相似，我第一次看到ownership与criticality的界面时，不禁在心里叫："哎呀！就是这个嘛！"

但"空"与"压"并非等于ownership与criticality，ownership与

criticality各据一方，还能被分别处理，但在空压法中，空与压只是围棋的两面，是互补互成的两个伙伴，不是可以分开处理的东西。

也可以说，我在ownership与criticality之间打滚了二十年，我认为，只要好好处理模拟结果，可以得到统合ownership与criticality的"第三参数"，这个参数在意义上是criticality加ownership，既能处理ownership，也比criticality更能聚焦局面，来显示重要部位让程序参考。想实现这个"第三参数"，也是我一直抱着围棋AI大腿不放的原因。

一定有人会说，现在已经是深层学习的时代，既是原始信息又与棋局本身无关的仿真数据，还是赶快丢到垃圾箱吧！但我还是要鼓吹一下"第三参数"，技术发展到现在，也还在用模拟每一手所留下的大量数据，这是现成的，"第三参数"应该不会花费很多计算资源，瞬间可以做成。

"第三参数"容易制作是一大卖点，对于硬、软件不如AlphaGo的AI，或是以后个人使用的单机版，说不定会更有用。

现在围棋这个领域，AI达到很高的境界，但不一定所有领域都是如此，而ownership与criticality的概念非常基本，可能和别的领域共有，这样的话，"第三参数"的有用之处可能不只于围棋。

以深层学习为首的新技术也带来新的问题，如深层学习会"自己去"寻找特征，这个"自己去"的过程与内容，人类真的完全可以接受吗？"第三参数"要是能解决一点点问题，大概让人比较放心，因为那至少是我这个人类想出来的。

最后一个观点，AI虽会"自己去"寻找解决问题的特征，一切看人"喂"它什么资料，还是一个"由下而上"的机制，而第三参数虽需仿真数据，却是一开始就规定重要部位"由上而下"的机制，就算棋下不过AlphaGo，不知道是否算是一种新技术？

　　一个人的经验能带给人一点欢乐，应该是所有人的梦想。自己的围棋观说不定还能有什么用途，将其视为只是梦想的话，也不妨碍到别人吧？

第六章
人类的未来
——从围棋理解 AI，迎接新时代

一、人类与 AI，谁比较厉害？

围棋AI和一流棋手的比赛，最容易让人感兴趣的，是从2016年底到2017年初六十连胜的"Master旋风"，可也说是对此项胜负下了定论：计算机、人脑之战，结果是计算机——围棋AI的胜利。

人脑是否能卷土重来呢？老实说，短期内或许还有赢的可能，长期而言，情况是很悲观的。

人脑下围棋，有其成长进步曲线，越接近极限，成长就越钝化，上升曲线终会变成趋于水平，进步缓慢到从外表看不出来。也就是说，任何人在刚学下棋时，进步神速到一天能进一子，但终将成为进一子得花上一个月、一年，甚至一生！

现代围棋如此兴盛，在全球，每年有数千局职业棋手的赛事，但没有棋手敢说，自己超越了昔日的道策、秀策等名棋手。

人接近极限后，即使经常为了突破极限而努力，却很难确认自己是否有明确的进步。用这个观点来看围棋AI，蒙特卡洛法碰到难题，开始原地踏步，从棋力提升的曲线来看，是无法超越人类的。

但加上深层学习后就开始走不同的棋力提升曲线，从被人让三子的地方

2016年3月8日。DeepMind 首席执行官哈萨比斯和围棋世界冠军、韩国棋手李世石在谷歌 DeepMind 挑战赛的首场比赛开始前亮相。

起，一口气超越人类，还不断上升。

Master很明显比AlphaGo更强，但进度已经缓慢下来了，虽逐渐看到天花板，也还在持续上升，还会比现在再强一点吧！与此相较，我认为人类即使从计算机得到着手的启示，也没有很大的成长余地。如果不改造DNA，人类是无法进步到围棋AI般的整体能力。

围棋的计算机、人脑之争，现在已经逐渐脱离了"谁比较厉害？"的时期，进入边欣赏AI的表现，边思考AI与人类的关系的时候了。

二、过程与理由——与人迥然不同的过程

"计算机下很怪的棋，却能轻松获胜！"

虽然有媒体如此报道，但我完全不认为计算机下了什么匪夷所思的棋。不只AlphaGo，Master与DeepZenGo下的棋都是合乎棋理的，有时序盘出现不常见的手法，或许会是因为系统的随机性所产生的结果，但是这比人类因为情绪波动的幅度还要小！

对人类而言，所谓的"棋理"是从庞大的经验法则所集约出概率较高的想

法。如果计算机能做到"完全解析"的话，经验法则就会丧失意义，但现在的AI离这个程度远之又远。

　　AI并没有违反棋理的下法，只因为比人能算得多一点，有时能下出人类不敢下的棋，因此AI的手法本身并不奇怪，也很值得参考。不过，必须注意的是，AI选择着手的过程，对人类而言是"奇怪"的，它的机制与途径和人的逻辑完全不同，也无从参考。

　　AI什么地方跟人类的认知不同呢？各个领域都有所讨论，在围棋方面又有什么样的差异？让我们一起来确认一下。

三、死活，围棋最基本认识之一

　　下围棋最基本的认识或技术，可以说就是"死活"吧！众所周知，围棋吃子的规则是把对手包围起来后，可以吃掉，从棋盘上提取，如图6-1、图6-2所示。

　　这可以说是围棋唯一的规则，决定胜负的方法，跟象棋或日本将棋只要擒

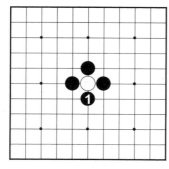

图 6-1

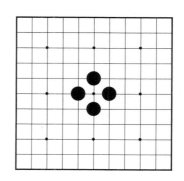

图 6-2

王就胜利不同。围棋是以"最后在棋盘上剩下的子较多的一方胜利",也就是以棋盘盘面全体的总数来分胜负。

围棋虽如前所说明的是"围地更多的一方赢",但是为了在棋盘上"比对手留下更多子",则必须"比对方围得更大"才行,这都是同样的一回事。

围棋的"围",有围对方的棋子跟围地两个意思。围棋的棋子是不会动的,自己的棋子在棋盘上越多越好,棋子在棋盘上,形成不被吃掉的形状,叫"做活"。

如图6-3所示,下黑1,就做了"活"的形状。

如图6-4所示,因为A跟B两个地方都被黑子所包围,根据"围住就能提取"的规则,白棋A、B两个点都不能下,这样的点叫作黑棋的"眼"。黑棋下1位确保两眼的话,白棋不可能吃到黑棋,黑棋数子到最后就可以留在盘上。

如图6-5所示,要是反被下白1,黑棋最后就会遭被提取的命运。

此后如图6-6所示,白1之后,黑下2围住白二子时,虽黑棋也同时被白棋包围,能提取对方

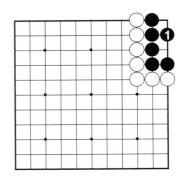

图6-3

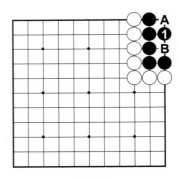

图6-4

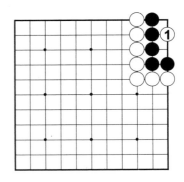

图6-5

208

的棋子时，就可以下，也就是下黑2的话，可以提掉白二子。

但接下来，如图6-7所示，白棋再将1扑进去，黑棋也只好2提。

如图6-8所示，到最后下白1，就能把黑子全部提掉。

结果如图6-9所示，黑子全部被提掉了。图6-5下了白1的状况，在围棋被称为"死"。必须先知道什么是"活"，否则最后会被提掉，也无法获胜。所以"两眼活"不是规则，而是不被提取的技术。

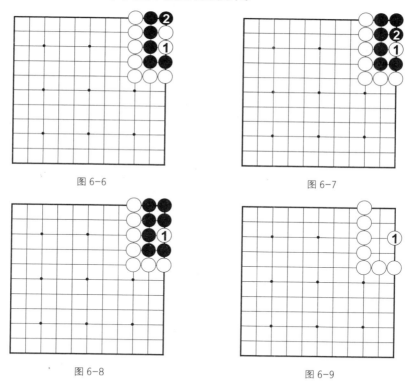

图 6-6

图 6-7

图 6-8

图 6-9

棋子的死活，是最基本而重要的认识，图6-4是"活"之中，最单纯的形状。

围棋的变化非常多，关于死活也可以有无限的变化与外观。就像日本将棋有所谓"诘将棋"一样，围棋也有以"死活"为问题形式的"诘棋"，会下棋的人都知道，做诘棋题是提高棋力不可或缺的训练。

在日本将棋中，计算机最擅长将死对手，对局时绝对没有看走眼的。

因此围棋AI常被认为很擅长死活，但事实上如前所介绍的，围棋AI对死活并不拿手。人脑的话，能很简单地在棋盘中认识"局部"，然后判断是"活"还是"死"，但是就算是厉害的Master，也还无法做到。

围棋AI对自己的孤子也会做活，但它不像人一般，心想"这样下就活了"，而是因为"下那里就不会输"的计算结果，并非和人一样具备"活"的概念，若硬要教它"活"，它反而没办法下得那么好。如果在序盘出现诘棋般的棋形的话，人类会比Master更能正确地把握状况，但这跟比赛的输赢是两回事。

计算机并非不会做诘棋，从几年前起，就有解答诘棋的计算机商业软件，不管多难的诘棋都能瞬间得出正解（只有一个问题是，围棋有所谓"劫"的现象，"劫"又有各式各样的种类，计算机还无法判别"劫"的种类，但将来大概是能解决的）。但这是专门解答诘棋的软件，诘棋是"局部问题"，也只能用局部去解决，对局用的AI是没有"局部"概念的。

刚才一路在介绍的棋子的死活，都是单方被包围的情况，实战不只单方遭到包围，也会出现双方都有危险，哪方都可能被提掉的局面，叫作"对杀"。围棋的实战，比起单方的"死活"，"对杀"的场面出现的次数更多，"对杀"在实战其实比"死活"更为重要。

如第三章疯石对多贺战时所说明的，"对杀"也是局部问题，AI至今还没完全解决不擅长对杀的毛病，人想要胜过Master的话，把它诱导到难解而没有转圜余地的对杀局面，大概就有机会吧！

四、大小，围棋最基本认识之二

围棋的基本认识还有一个，就是"大小"。

围棋最终的目的是取得较多的"地"（阵地），自己下的一手棋能确保多少地，或是能破坏对手多少地，这是能用数字明白表示出来的，计算方法是"自己在一处着手后，与该处被对方下到后的差距"。

如图6-10所示，下到黑1的话，可以确保A的1个空点（1目）。

如图6-11所示，如果被反过来下了白1的话，则谁也不能确保A的空点，A成为没有意义的点—"单官"，日文里说"没意义、不行"的用语"駄目"，就是"单官"一词的日语。

图6-10与图6-11的差是A的一点之差，因此图6-10的黑1与图6-11的白1叫作"一目棋"，围棋的所谓大小是这样得来的。但在实战，还要兼顾全局的"死活"的状况，许多局面无法单纯换算成数字，但若能很明显地呈现"大

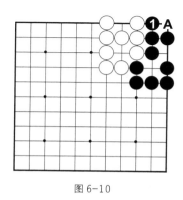

图6-10

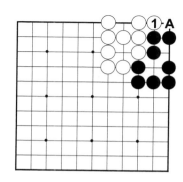

图6-11

小"的数字的话，对于下棋的人而言，就求之不得。例如：

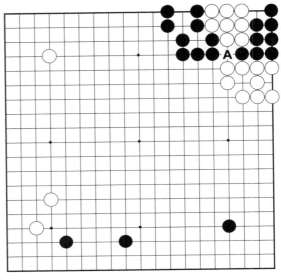

图6-12

如图6-12般的局面，A是后手三四目大的棋，已告确定。但其他着手的价值却未能确定；从经验上来看，这个局面的三四目，被认为是比其他的手还要"大"，几乎所有下棋的人都会下A。

但在实战时，很少像这样在局部就完结的例子，大小无法很明白地用数字表现出来的情形比较多。但职业棋手事实上在脑里有个约略评估的数字，然后继续下下去。围棋除了死活成为问题的局面以外，大半对弈的局面是以"大小"占思考的中心，以明白的数字来呈现的大小，跟死活一样，是局部完结的问题。

五、人类下棋需要理由——AI 下棋只靠机制产生

人类常以"这手是×目"、"这手是××目"为理由来着手，但是AI从来不做这样的计算，和死活同样，AI的道理只有一个——因为这样下比较容易赢。

拿死活来比喻现实生活的话，是"生命安全"，而大小则可以说是"劳动

代价"。没有救生索，又不知时薪多少的话，谁也不会去做打扫大厦窗户的工作。就像我们平时最在乎安全跟薪资一般，下棋的人是以死活与大小问题为中心在下棋。

死活与大小可以说是围棋最基本的单字与文法，而计算机围棋却无法认知，我一直认为这是围棋AI最大的弱点，当然也是最需改善的罩门。

AlphaGo在跟李世石之战前，公开的棋谱的综合能力，的确非常厉害，但若还在用蒙地卡罗法的话，局部认识的功能的弱点是无法解决的，一百万美元的奖金不用说是李世石的吧！无法辨认死活及大小，怎么可能赢李世石呢？我的棋手生涯，让我只能做这样的判断。

六、形势判断的重要性远大于"算棋"

就如前面所介绍的一样，结果深层学习带着AlphaGo飞越人类的头顶。

围棋比想象的还要宽广，AlphaGo拥有游刃有余的计算能力，棋盘广大到让它即使怀着缺陷，却依然能悠悠踏步，有转圜余地，可回避自己的缺陷。

Master看来对算棋更有信心，棋风比AlphaGo更为强悍，AlphaGo尽量不去踩自己的弱点而造成陷阱；Master对于自己的弱点，像是随便踢开脚边的小石头，一点都不会令人担心。

原来下棋必须要有"死活"与"大小"的概念，这个前提是错误的。"死活"与"大小"若是人类下棋的语言，如果能"以心传心"的话，就不需要多说话。我终于想通了：围棋AI并非无法认识"死活"与"大小"，而是没有必要用局部的概念去认识而已！

如图6－13所示，Master持白棋，对于黑1，白棋放着右上七子不管，白2、4、6埋着头连下上边，接着白8、10低位渡过，对黑棋也不是具有威胁性的手段，黑11罩，白棋七子被吃了，但从结果而言，其实白棋形势并不坏，这虽不能说是到了惊异的判断程度，但要是

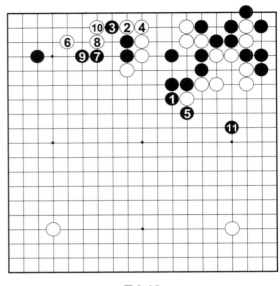

图6-13

我，因为无法正确地算出大小，也就无法这么简单地舍弃这七子。

经过长期深层学习训练后，累积三千万局数据收集对局（现在说不定又多好几倍）与无数自我对战学习的经验，做每秒一百万局的高度模拟，当计算机拥有这样的能力时，把棋盘当作一个整体来处理，其实正是非常符合围棋的本质的方法。

人类因为无法这样处理，只能就解析"局部"得到的信息，再根据这些信息来做综合判断，除此之外别无其他方法。今后围棋AI下的棋，对人类而言，虽然非常具有参考价值，但人类遭遇未知局面时，必须对各个"局部"赋予意义后，再做全体的判断，人类的这种思考倾向是无从改变的。

以人类可能达到的围棋水平而言，AI的表现告诉我们，比起堆积意义的"算棋"，无从捉摸的"形势判断"重要太多了，而从棋盘全体直接判断形

势，正好成了AI的最强项，其正确性与速度把人类远远抛在后面。

就像有人相信世界是以有理数（算棋）来构筑的，但后来发现，有理数不过是浮在无理数（形势判断）之海上的藻屑而已，而人类终究无法测量海有多深，只能对着眼前的藻屑望洋兴叹。

七、"棋力"与"共鸣"的两个主轴

围棋AI的胜利——计算机战胜人脑后，我最常被问到的是"职业棋手"存在的意义。从国际象棋跟日本将棋的例子来看，并不会因此不需要职业棋手，但是，职业棋手并非不受影响吧！

职业棋手，至今除了要下出能让棋迷感到有魅力的棋外，一流棋手的棋谱也有象征"所有智慧最高峰"的意义，因为有这个意义，在AlphaGo登场之前，职业棋手在对局前可以拥有"下出围棋史上最棒的棋"的梦想，但现在被迫只能退却为"下出自己史上最棒的棋"了。

日本有一句话"秀于一艺"，意思是若有一技之长，亦即在一技艺领域能达到高深境界的人，其修养、人品也自会随技艺的造诣而提升。这句话是假设，若是比别人更杰出，必须付出相对的努力以及创意，也因此，该人的人格会在这过程中逐渐升华。真相是否如此不得而知，但这种连接，或许还算是有普遍性的，很多人这么想，我自己也享受了这种想法的恩惠。在此，我把自己对职业棋手的价值的看法，制作了一个图表，如图6–14所示。

虽然这么粗糙的图无法反映复杂的现实，但为了说明方便，请读者包涵。

棋迷在观赏职业棋手下棋的同时，不管有意识或无意识，会为了他们达到

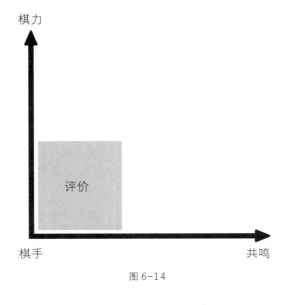

图 6-14

那样水平所付出的努力与创意，乃至于彷徨与错误等而感动，这些都自动成为棋迷的共鸣，这份共鸣与棋手的棋力高度所形成的"积"，几乎就等于对职业棋手的"评价"。

围棋关于"棋力"这部分的意义是相当确定的，但关于"共鸣"，当然随个人喜好，每一个人的感受会很不同。对于自己喜爱的棋手数值会提升，讨厌的棋手会不合理地降低，即使如此，对于基本的努力与创意的共鸣，棋手至今总会得到某种程度的"最低保证额"，这是不会变成零的，为什么呢？因为都同样是"人"，大家都彼此做同样的事，下同样的棋，一路这样活过来的，或多或少会有同样的感受。

AI超越人类后，棋手的"棋力轴"的数值，很无奈地被相对降低，不得不承认，从全体来看，"评价"的面积是被迫缩小了，AI还会有变强的可能性，如果人类还以现有的手法寻找增加共鸣的因素，并不是那么容易。

有人说："围棋因为跟AI对战而关注度上升，许多不懂围棋的人也开始对围棋产生兴趣，反而让围棋出现盛况，没有必要担心！"事实上至今是如此，不过这种状况基本上是社会对AI能力的好奇与技术移转的关心，对围棋本身只是一时现象，我对今后的关注度并不乐观。

不过危机也是转机，到目前为止，棋手是靠出示纵轴的"棋力"的坐标，让棋迷依照自己的习性自动展开横轴的"共鸣"。说句不好听的话，职业棋手至今只要死赖在棋力轴上，棋迷就会自行拉拔"共鸣轴"帮棋手撑出"评价"的面积，但是今后未必能有这么好的事，职业棋手或许应该趁此机会，积极展开自己的"共鸣轴"。

八、"下哪里"及"为什么下"不可分

换个角度来谈吧！

我们最常被棋迷问的是"该下哪里？"，职业棋手在检讨输棋时，也大致从头到尾都在自问自答，或一起讨论"应该怎么下"。比赛的解说会或实况转播，"次一手猜题"一直都是人气最旺的活动，围棋的"下在哪里？"是最重要的问题。我当然嘴巴也常说"该下哪里？"，不过心中总有某种违和感。

因为我总觉得，棋子即使下在同一个地方，但想法不同的话，应该不算是同一手棋才对。围棋不是只有一手就了结的，每一手因其动机、构想、企图不同，其后的展开将完全不同。

如图6-15所示，比如黑1，是名为"大马步挂"的常用手法，在实战中常会出现，要是被白2夹击，可以黑3碰角腾挪，这是这个手法的优点，"腾挪"这个字眼让人感觉情况不是那么如意，可是一开始黑棋是进入白子A、B之间的，"人单势孤"，能不受攻击就很不错了，这是一般的认识。

但若是我拿黑棋，我是不太愿意下黑3的，因为好好一个开局，干吗马上跑到别人家里去"腾挪"呢？所以我要是下黑1的话，是以"不会被攻击"的想法

去下的，即使被白2夹也不会只想去腾挪的。

如图6-16所示，像黑1这样，会往中央出头，一边与右边黑A、B呼应，一边对白C、D施加压力，这是战略的不同，不是该下哪里的问题。

同名同姓，并非同一人物；即使下同样的地方，是只打算腾挪，还是打算战斗？就像只是同名同姓，但其实是两个不同的人一样。想法的不同，会由此后图6-15黑3、图6-16黑1的不同具体表现出来。

但有人会问，白棋未必会下白D，那不同也不会表面化，也只好被当作"同一人物"了。但虽说没有表面化，其内容并未消失，不一样的东西就是

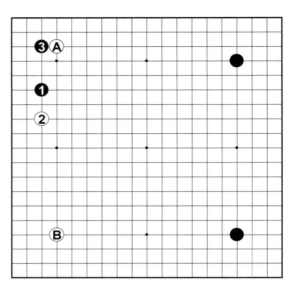

图 6-15

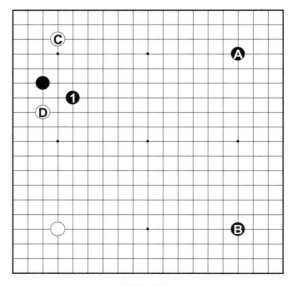

图 6-16

不一样，但至今常被混为一谈。

对人而言，"下哪里"及"为什么下"本是不可分的"一套"，围棋的着手本来也必须呈现完整的一套，才算是完整的表现。当然，这只是我发一发牢骚，事实上，"理由"未必能说明清楚，甚至可以说是几乎无法正确说清楚吧！人的语言有极限，我刚才举的例子的说明，如果要深入追究的话，一定是漏洞百出。

围棋干脆尽量省略语言，期待棋迷"只看着手，直接感受"，算棋与创意，一切尽在棋谱里面了，无须多言，至今棋迷都接受这种模式。但是进入AI新时代，这条路还行得通吗？现在世间对围棋AI的瞩目，是对于计算机的性能，加上对于软件开发者的努力的敬意，跟至今棋迷对于棋力的共鸣是不同的。

Master下快棋，连胜人类六十局，是与人类完全不同的过程与机制的产物。它的"为什么"，是和人完全不同的，但是如果遮掉棋谱上的名字，无法判别是Master还是人下的棋。

在不久的将来，比人强的围棋软件必将商业化，届时到处都是名人级棋手，棋力高强本身一点都不稀罕了。

如图6-17所示，Master的新手有如此的下法：对于黑2、4，白子本来比黑子少，至今都下A闪开求和，但Master则白5以下正面应战，很意外地也可以下。

人类若想要下白5这个新手，需要新的创意、深入的研究，以及偌大的勇气。但是

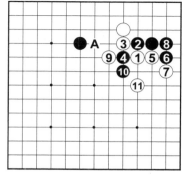

图 6-17

AI只是依照系统跑，若无其事地出示白5这手，好像跟其他手比起来并没什么特别。

如果换成人类下了白5，就足以震撼棋界，但今后还能造成同样的效果吗？

比我自己全力跑还要快数倍的汽车，从我的身边疾驰而过，但我不会有任何感觉；同样的，即使看到比自己强却只是显示"下哪里"的棋谱，真的会让棋迷产生"共鸣"吗？此后由AI带来的"好棋的洪流"可能造成人类着手的"理由的空洞化"是让我非常担心的。

虽有让棋友能产生共鸣的"棋谱解说"，但这也有问题。因为至今解说都是"这手因为这个理由这样下，所以很正确"，或对于下错的棋，研究"要这样下才是正解"居多，这样结果还只是把棋谱跟解说牢牢地与棋力轴连接在一起而已，若是如此，还是在走老路，状况没有改变。

首先，人类下的棋只好想办法贴上"人类商标"，我的意思不是在棋谱上登记名字，我的想法是，原本"着手"跟其"理由"是成套的玩意，但因为各种状况，所以省略了"理由"，此时此刻，不正是"理由"登上舞台的最佳机会吗？

一起出示"下在哪里"跟"为什么下那里"的理由，正是"人类（人性）的证明"，也只有人类才能做到。

"理由"是人跟AI最不同的地方，是人所能理解的"意义"的累积，出示下棋的"理由"，也是诉诸棋谱接受对象——人类最有效果的做法。

照相机的发明，让绘画受到很大冲击吧！这是因为绘画过去是以"画得像"为基本目标，但出现怎样也比不过的对手，结果因此受到冲击。但是绘画反而从追求相像获得解放，得到比过去多得多的共鸣。围棋是否也会因为这次的冲击获得某种解放，而得到更大的东西呢？

所有的游戏里，只有围棋是自古至今完全不变的，两三千年都不变的，围棋规则有比目法与数子法之分，但与下棋本身无关，只是统计盘面输赢的两种不同方法而已。围棋对局的内容，不仅世界共通，与秦汉时代也没有两样，我们现在下棋，和远古时代的人们追求的是完全一样的东西。

然而，现在世界上有职业制度在运作的中、日、韩，对围棋的社会定位却都不同：中国台湾围棋教育发达，现在可说是教育产业；而中国大陆主要是体育活动；日本属于传统文化修养；韩国则比较综合，可说是社会沟通工具及智慧、地位象征。这种情形表示，围棋的多功能性，可以随着社会的需要伸展它的长处。

围棋经历数千年一直为人类所需要，身为职业棋手，我相信围棋一定有这样的魅力与潜力。

九、人类的围棋里"为什么"很重要

正如棋手的评价有"棋力"跟"共鸣"两个主轴般，围棋的下法也有"下哪里"跟"为什么"两个主轴，其实是表现同样的事，只是对象不同，名字也有所不同而已。

现在职业棋手只要好好把自己挂在棋力轴上就行了，仅仅把焦点放在"下哪里"就什么都能解决，但今后必须同时努力延伸"共鸣轴"，必须好好说明"为什么下那里"了。但这是至今没认真做过的事，突然急着去做，是无法做好的，只能一点一滴朝此方向前进！

这并非全然是很吃力的事，也有些方便的层面，可以免除不必要的顾忌。

如图6-18所示，AlphaGo下了黑1，这本来是很普通的一手棋，但至今在实战几乎没有人下，或许也曾有过职业棋手想这样下下看，但被AlphaGo先下掉了，现在下的话，怕会

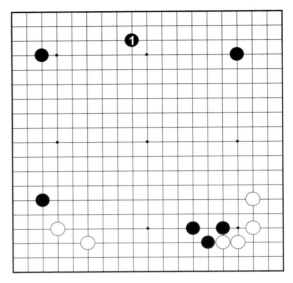

图 6-18

被说"这在模仿AlphaGo！"。但如果这么想的话，以后棋会越来越难下。

但若是以"下哪里"跟"为什么"两个主轴，成套来看围棋的话，就不用担心这种事，因为"为什么"，一定是每个人都不同的。

如果是我的话，大概这样说："右下、左下都很轻，亦即不用把这两个弱棋特别看待，可以同等评估棋盘全面，那样的话，从可能性高的地方下起是最基本的，而现在棋盘上可能性最高的是占有上边的中央点。"我的说明总是如此笼统，其他职业棋手或许会更具体些。

至于图6-19，我大约会这么说明："如果被白1夹，黑2手拔也没问题。因为对白3，黑4、6可以主张自己不会受攻。"接下来根据自己的想法，尽可能地提示各种变化图。

围棋非常宽广，虽是同样局面，每个棋手想的理由却不同。用两个主轴

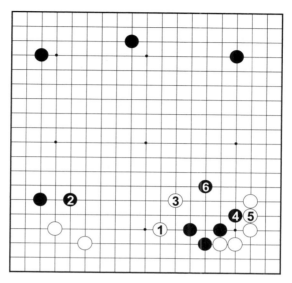

图 6-19

来看围棋的话，没有任何一手是同样的，也因此可以让人理解人类跟AI下棋的不同。

十、使用说明书的时代

棋手把自己下的棋当作商品，摆在橱窗里，棋迷若中意就请用，一直都是如此做法。但是优质且类似的商品即将被大量生产，而且马上就会充斥市场，共鸣的"最低保证额"到底能维持多久，没人知道。

如果是手工做的，那就有"世界仅此一个"的优点。至于在什么时候、什么状况，如何使用，为什么是这种用法，或许还得看情形对那手棋之外的背景、心理变化等也一起附上详细说明。当然，或许有人也曾做过这方面的说明，但很多只是贴附在棋力轴上，期待棋迷自行发生共鸣的老机制，这样的话可能遭到围棋AI"好棋的洪流"淹没。

为了迎接AI新时代，想要更唤起人类的共鸣的"使用说明书"，不能再继续只以棋力为前提了。与其说是要做AI不会做的事，不如说是因为棋迷已经不再对"棋力"有那么强烈的要求了吧！

如图6-20所示，白1这着棋是我自己在挑战本因坊时下的，当时报纸的观战记者把这手棋评为："这是多么让人感受到生命喜悦的一手！"对我而言，这是我的棋手生涯里最受到褒奖的一手吧！大概唤起了观战记者的共鸣，才会写出这样的评论。

这手棋下在茫茫的中央，是确定性很低的一手，因为是头衔挑战赛，记者大概觉得在面对大胜负的关头时，敢下这着棋不容易。日本棋迷看到在激战中胜出的挑战者下的"生命喜悦的一手"，同时参照观战记，或多或少也有一点感受吧！

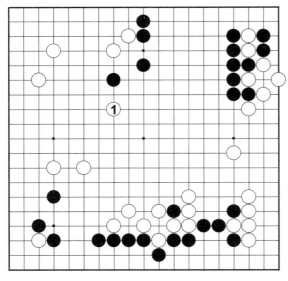

图6-20

但在不久的将来，棋迷将会拿棋力超过我的围棋AI，比较我和AI的下法。如果AI出示跟我一样的着手，我虽然很开心，但是看棋的人只会想："当然应该这样下！"如果AI出示跟我不同的下法，看棋的人在感到"在如此重要的比赛中，这是很有魄力的一手"之前，会先觉得"这一手围不了几目棋！"。不多做理睬，就去看下一手了！

"生命喜悦的一手"虽是过奖的标签，我再加个新的使用说明书吧！

中央是现在可能性最高的空间，而白1是占据其重心的一手，虽然不能说是最善的一手，我是这样下过来的，也会劝大家这么去思考。

如果这样写棋迷无法满意，那要怎么办？我其实不想写到这种程度，不过还是吐实一下吧！下这盘挑战赛时，我只想到建构自己的"空压法"，多少把胜负置之度外。为了贯彻空压法，不让自己在奖金面前贪图小利，我还曾开玩笑般地在比赛前对自己说："空力与我同在！"当然，这是模仿星际大战的尤达大师说的"原力与你同在！"。

新的使用说明书将会是这种情形吗？搞不好在唤起共鸣前就让人望而生畏，如果一一都要加码，必要时还得剖心掏肺给人看才行得通，也未免太吃力了。面对AI新时代，围棋界如何加强对围棋的论述，以赢得新的共鸣，只好由围棋界全体一起来思考。

十一、来自 AI 最前线的报告

Google选择了围棋当作AI最前线，围棋棋手就仿佛突然置身战场。这里不仅仅是围棋对AI的最前线而已，也是人类面对想要取代人以及其角色的AI的战斗最前线，现在在围棋发生的现象，将会在其他领域也跟着发生。围棋不知是福是祸，成为人类与AI战役的最前线，我觉得有责任把自己所看到的这一切，记录下来，并传达给世人。

关于这场AI与人类的战斗的其他报道与感想中，有个观点让我很在意，就是"把AI跟人同等并列来看"。不仅观战者如此，连对战的棋手也有人用这样的观点来看AI，觉得今天输了，明天一定要赢回来。

只要是顶尖的一流棋手，都会想以最强为目标，如果出现比自己强的对手的话，自然会想再超过对方，这是理所当然的。但这是当对手是人类时的想法，原封不动地搬来面对AI，我认为并不合适。

围棋AI实力虽然高强，其手法是能理解的，可说还在人类到目前所研究的延长线上。只看它下的棋，会觉得"跟棋力很强的人类一样"，也因此容易把AI拟人化，但AI如何得到高强的着手，它的过程跟人类是彻头彻尾不同的。

人类所作所为的价值，是结果与过程紧扣在一起才有的，这是我作为人类的报道者，所想强调的事。由不同的过程所产生的AI的着手，跟人类的着手是不一样的东西，我认为应该另眼看待。

AI的影响，慢慢会波及所有领域，在此我稍微大胆地推论一下，把刚才用在围棋的图表的棋力轴改名为"完成度轴"试用到一般的领域看看，如图6-21所示。

完成度今后未必会产生共鸣。

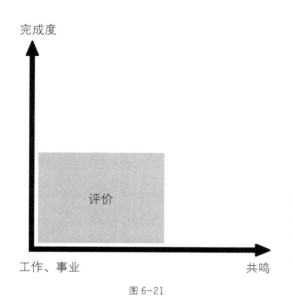

图 6-21

世间有各种工作，若从演艺活动等娱乐产业来看，或许跟围棋相反，因为"共鸣轴"有非常明确的数值，但对于"完成度"的看法却有很大分歧。但若从各领域综合的观点来看，比起"共鸣"，理应是"完成度"比较容易打分数，围棋的完成度是很容易确定的，因此以跟围棋有共通性为前提来看，请多包涵。

容我再说明一次，人类的价值判断，不论有意识或无意识，都会从眼前的结果，自动想象其背后属于人类的各种努力过程，把这些因素纳入评价，人是一贯如此思考过来的，就"完成度"轴的数值，依照至今的习性，自动产生与完成度相应的共鸣。

这原本是极为合理的一种架构，只看比较易解的完成度轴的数值，就能评价全体。但是今后就像从自己身边开过的汽车一般，即使比人走路快好几倍，也不会多加理睬，如果认定完成度的数值是依赖机械而达成的，就不会产生连接，也没有共鸣。

围棋常会提到所谓的"神之一手"的话题，这是大家所喜爱的一句话，也就是完成度轴的最上方。立志下围棋的人都会想以此为目标，这是非常容易理解的事，但这必须是"无法达成的梦想"才有意义，真正的"神之一手"就是AI的"完全解析"，其后所剩的，除了无事可做的"无"以外，别无他物，"神之一手"的另一个面貌或许就是"恶魔的一手"。

这样的状况不仅限于围棋，在各种领域都有类似的状况。若是如此，完成度甚至可以看成是伸展共鸣轴的"机制"，这样想的话，对人类而言，就能很明快地把只具有完成度数值的"AI的工作（事业）"当作"道具"来使用，不必和人混为一谈。

AI的新时代，对人类来说，从共鸣天赋的时代，进入要有意识并认真去培养的时代。虽然很费事，但也有从想象的共鸣转换为真正的共鸣的优点，当然若只是一味强调共鸣，却没好好下功夫来重视、提升完成度的话，会导致质量的低劣，尤其是围棋如此立见优劣的东西，质量的低劣会导致致命的结果。

至今我们的视线都集中在完成度轴就可以了，突然要改变并注意到共鸣轴的二元观点，并非易事，但这并非是因为AI的进击而被迫捻出的东西，而是"原本就有"，却被我们忘记而丢在一旁的东西，今后不只以提升完成度轴为目标，也必须花同样的力气在共鸣轴上面。

只要人对事物评估最少保有"完成度（答案）"与"共鸣（理由）"的两个主轴，就不至于丧失人的本质，变成人以外的东西，人类的遗产以及今后努力的价值是永远也不会改变的。

十二、AI与人，外貌相似、内涵不同

哈萨比斯先生很喜欢"阿尔法肩"这着棋，如图6-22。他对此津津乐道："讲解的职业棋手九段麦克雷蒙，听到AlphaGo下这一着，一时不相信，以为位置传错了。"当时情形也确实如此。但这段插曲被广泛解读为"人类无法理解围棋AI所下的棋"。日本有位AI泰斗甚至说："职业棋手今后可以做AI着手的翻译者！"这样的理解完全是错的。

（1）"阿尔法肩"的手法是基本手法，让人惊奇的是"在这个时间点"下这着棋，但这是因为它通过庞大的计算与学习，握有一些人类所没有的信息。

就像是有人一下班就跑着离开办公室，让人觉得"干吗这么急！"，但他

说不定是因为有"约会迟到，女朋友正在生气"这个别人不知道的信息，并非无法理解的怪人，而我们也不会因为这样就觉得这个人"无法理解"。

（2）李世石想了一阵子后以白A压，在第一章有详细说明，这一着棋是承认"阿尔法肩"是好棋的下法，也就是说，李世石当场就理解了这着棋，

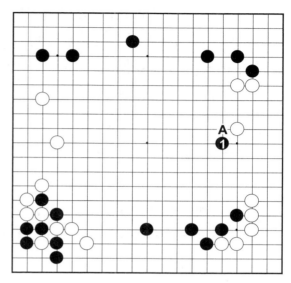

图 6-22

此后世界棋手也竞相去理解"阿尔法肩"，若有棋手说"无法理解"，只是表示"自己不会做这个选择"，和一般所说的"无法理解"，是不一样的意思。

（3）在第五章曾提到，AlphaGo对于人类的着手，猜次一手的"正确率"是57％，同样地，人类猜AlphaGo的"正确率"也超过50％。但没猜中并不表示"不认同"，不认同的情形是因为很少见才被拿出来强调，就如同麦克雷蒙觉得摆错棋子，而AlphaGo的着手98％以上一定是可以被认同的。我们对于如配偶等自以为很理解的亲人，会有这么高的正确率与认同度吗？

（4）在第三章有说明，AlphaGo的棋形与人类的美感一致，就"感觉"而言，人类很能理解AI的"作品"。

（5）AlphaGo如何下出一着棋，《自然（Nature）》的论文有详细说

明，实际着手时计算机也会留下可以检阅的记录，这些都是脚踏实地的、依照事实的讲解。反而人类曾经这么清楚地讲解过自己的着手吗？看来人在翻译AlphaGo的着手前，是不是必须先翻译自己的着手？比起AlphaGo，人脑反倒更像黑箱。

　　AI所生产的作品，它的"外貌"不会让人看不懂，这才是事实。但如本书一再强调，AI产出作品的过程与内容，与人类是迥然不同的。当外貌可亲时，人类会自动以为自己和对方共有内涵，这是面对AI时容易落入的"陷阱"。

　　AI一步一步进入创作领域，相信不少人读过AI所作的藏头诗，AI写的小说可以进入小说奖候选名单，AI的画作也煞有介事。这些发展都才刚开始，AI的作品必会越来越洗练，让人可以理解、接受。

　　面对这样的情况，也有专家评论"AI将开始拥有感情！"，这种看法或许是自动把"外貌"与"内涵"连接吧！我不是说AI的作品没有内涵，而是说AI的"内涵"，和人类看到外貌会自动想象、连接的"内涵"，是很不一样的。就像是我们读"举头望明月，低头思故乡"，读了会想起自己与故乡的一切，加上观月时格外思乡的情感，与想必有同样经验的作者李白，产生超越时空的共鸣，并留下一份新的情思。若同样的诗，一开始就知道是没有家乡也没有旅行过的AI所作，想必不会那么牵动我们的感情。

　　人类所谓的"感情"应能互相共有，AI能模仿人的反应与思考模式，也能显示理解感情的外貌，但与人类至今共有的"感情"这个概念，是很不一样的。面对AI制作出来的外貌可亲的作品，要是同样用对人自动连接感情的机制来看待，恐怕会失去人类最珍贵的"内涵"。

结语
意识到自己是人类的幸福

我观赏过麦可·弗莱恩写的戏剧《哥本哈根》，这是描述领导初期量子论研究的尼尔斯·玻尔，跟将其完美地整理成不确定性原理的维尔纳·海森堡师生两人的舞台剧，宫泽里惠饰演玻尔的妻子。其中玻尔有句台词说："是我们把这个世界，夺回到人类手里的！"

为什么这么说，因为物质的位置等，当时被认为是当然可以测量的，就理论上而言，所有物质均能被完全正确地测量。这个世界，是物质及其相互作用所构成的，只要能力够，应该就能掌握世界所有的一切。

就像是台球一样，母球如何滚动，会如何撞击色球，最后将在何时何处停下来，全部都能知道。

根据这种想法的话，可以认为这个世界的过去、未来都是已确定的，我们不过只是在一条被决定的轨道上奔跑而已。但是量子力学的不确定性原理，主张物质的位置等，终极而言是无法被"正确"测量的，只能在某种确率关系中来加以表现。

不确定性原理发表至今已经九十多年了，所有的观测结果都在证明这个主张。

如前所比喻的，台球的球如何撞开，其实不撞撞看不知道，再怎么聪明，也无法预测到的。未来并非是已经被决定的，不确定性原理告诉我们，这才是真相。若是如此，人只要想努力，实际上努力的结果或许能改变世界，"把这个世界，夺回到人类手里"的台词，就是这个意思。

这句话让我精神大振。对追求一开始就被决定的最善手，我原本就不是很有兴趣，我想做的是将心目中的围棋，用自己的思考去表现出来。虽说我的"壮志"小得可笑，但让我更加巩固了"把自己的棋夺回到自己的手里"的决心。

AI会带给人什么样的影响？几乎每天都会看到相关的报道。AI将加快速度渗透进到我们的生活，不，进到我们的人生。

有些看法还说，我们甚至会进入无法确信自己是否还真的是自己的时代，类似这种的预测非常多。但从反面来看，人类将跟AI建构怎么样的关系，是由我们今后如何面对AI来决定的，世界现在还在人的手里！

共鸣是唯有人类之间才有的，共鸣也可说是人类意识到自己是人类的状态，当AI充斥在身边的时代来临，能意识到自己是人类，或许是一种幸福。人类只能依自己的特质去感受、思考，对此能理解、回应的也只有人类。我们一个人无法活下去，而跟人类共有的一切，是无法被任何东西取代的！

附录
棋谱集

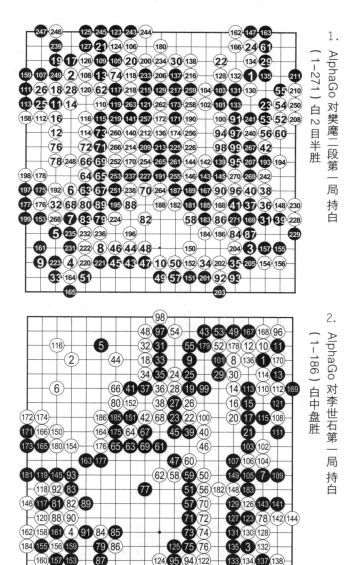

1. AlphaGo 对樊麾二段第一局 持白（1−271）白 2 目半胜

2. AlphaGo 对李世石第一局 持白（1−186）白中盘胜

3.
AlphaGo 对李世石第二局 持黑
（1-211）黑中盘胜

156[52]

4.
AlphaGo 对李世石第三局 持白
（1-176）白中盘胜

122[113] 151[73] 154[72] 163[145] 164[73] 166[160]

169[145] 171[160] 175[71]

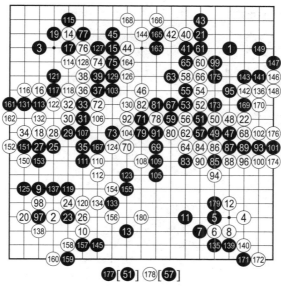

AlphaGo 对李世石第四局 持黑
（1–180）白中盘胜

177[51] 178[57]

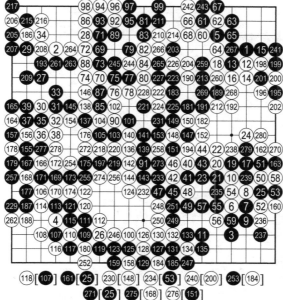

AlphaGo 对李世石第五局 持白
（1–280）白中盘胜

118[107] 161[25] 230[148] 234[53] 240[200] 253[184]
271[25] 275[168] 276[151]

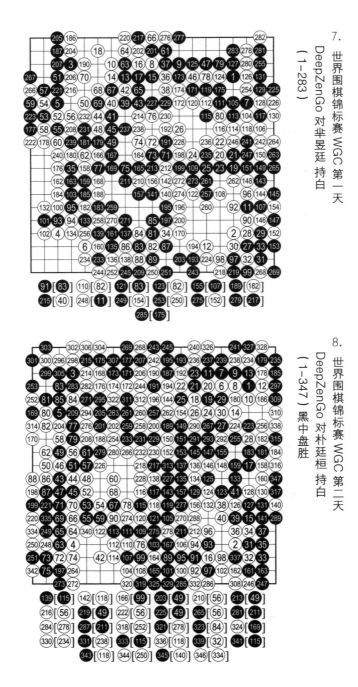

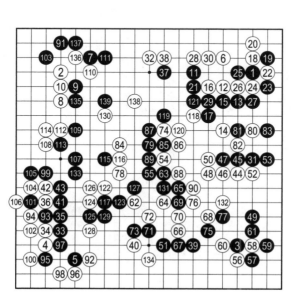

9.
Master 对陈耀烨战 Master 持白
（1—162）白1目半胜

10.
Master 对申真 谐战 Master 持黑
（1—139）黑中盘胜

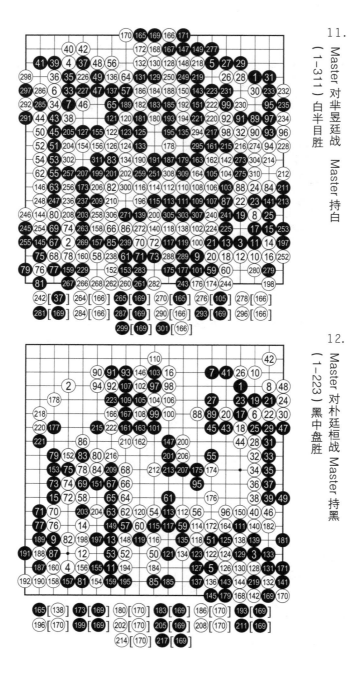

11.

（1-311）白半目胜

Master 对芈昱廷战　Master 持白

12.

（1-223）黑中盘胜

Master 对朴廷桓战　Master 持黑

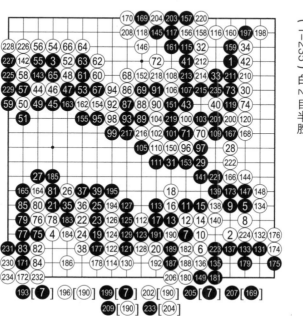

13.

Master 对金庭贤战　Master 持黑

（1-135）黑中盘胜

88[82] 91[85] 100[82]

14.

Master 对古力战　Master 持白

（1-235）白2目半胜

193[7] 196[190] 199[7] 202[190] 205[7] 207[169]
209[190] 233[204]

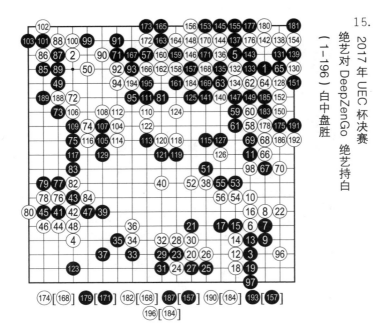

15

2017 年 UEC 杯决赛

绝艺对 DeepZenGo 绝艺持白

（1-196）白中盘胜

174[168] ●179 [171] 182[168] ●187 [157] 190[184] ●193[157]

196[184]